荣恩堂建筑文存

陆 党 著

苏州大学出版社

图书在版编目(CIP)数据

荣恩堂建筑文存／陆觉著．—苏州：苏州大学出版社，2013.12
ISBN 978-7-5672-0678-6

Ⅰ.①荣…　Ⅱ.①陆…　Ⅲ.①建筑学-文集　Ⅳ.①TU-53

中国版本图书馆 CIP 数据核字(2013)第 286539 号

书　　名　荣恩堂建筑文存
作　　者　陆　觉
责任编辑　刘诗能
装帧设计　吴　钰

出版发行　苏州大学出版社(Soochow University Press)
社　　址　苏州市十梓街1号　**邮编**：215006
网　　址　http://www.sudapress.com
印　　刷　扬中市印刷有限公司印装
邮购热线　0512-67480030
销售热线　0512-65225020

开　　本　700mm×1000mm　1/16　**印张** 15　**字数** 257 千
版　　次　2013 年 12 月第 1 版
印　　次　2013 年 12 月第 1 次印刷
书　　号　ISBN 978-7-5672-0678-6
定　　价　36.00 元

目录

持本以续　荣恩之道
(代序言)

人,自从出生的那一刻起,就本能地呼号着对人世间迫切依存的欲望。当嗷嗷待哺的婴儿一经享吮了一顿甘美的乳餐,便乖乖地依偎到母亲温馨的怀抱。随着深情的摇篮曲亲昵地在耳际轻盈回荡,那欢欣的节奏与小生命天真的心灵韵律和谐相悦,孩子便从感受到关爱的慰藉中获得安宁的满足。从此,人们一生一世都离不开对于生存质量安居乐业的追求。而创造并提供种种适宜的环境际遇,包括授受母子"舐犊之情"的情景空间(无论是公共的育婴房,还是家庭的儿童居室),乃至建树各类人性化的建筑或保障人身安全的庇护场所,这一切的努力,无疑都是人类所有建设行为的目的及其奋斗过程的真相。因此,建筑环境的营构,理所当然地属于满足生存所首要的物质条件和前提。

在国民经济的支柱产业中,建筑事业是社会生活的根本支柱之一。有根本意义的自然生存物,如植物的根干,必具发展成长的生命活力;有支柱性能的现实构成体,才稳持可靠地发挥能动作用。建筑与环境,作为自然与人类在一定时空领域"天人合一"的产物,真正切实地体现着生命本质存在的意义,此本质之"本"的重要性,可以从一个事物最小的造型单元,比如说"箭头"说起。

处在每一枝箭杆顶端的箭头,系由尖锐的前锋(古器物学中称之为"末")与其后掠的翼翅联结成一体的"本",并由本之尾端的"铤",插入箭杆而组成。看似简单的构造,却能通过智慧的意匠与运作,克服并且超越体能的局限,实现远程传递、截获猎物、消除敌患等的神功奇效。究其原因,则不能不令人关注到其中的"本"的功能:作为箭杆主体中轴前方的重心,在飞箭从弹射、起飞、穿越及至最后命中目标的整个运程中,"本",始终是持续发挥着稳定作用的关键。

人类生活和工作着的状态,是一个持续着的行程,坚持努力就是成功的保证,持本才能得以继续成就希望和未来。这是世上一切成功之事必然历经的道路。然而,现实中,我们太多太多的事,却都遗憾地反复经历着与认知相悖的苦旅，诸如“舍本逐末”，甚至“本末倒置”那样实质性的荒唐，虽然曾经可以熟视无睹，不以为然，但毕竟都属于愚昧的自欺，暴露着浅薄经验中应当深刻记取的教训，如果没有文化自觉的感悟，则又如何能真正认识自己呢！其实，生活无时无刻不在考验着人们的意志力和自信心，而归根结底就是能否坚持本分这根基线。如果忘乎所以，忘了“本”，失去了对于现状由来的记忆，则意味着对于发展的中止或者背离；如果是得不偿失地亏了本，那还可以赔偿；而若是蚀了本，那就如同被虫子吃了自己一样悲惨。有史为鉴，那种自以为是，唯我独尊，一味否定先辈与人民传承及积累于世的基础功业，这正是历来众多封建帝王之所以导致社会衰败落后的根源。对于每个人来说亦然，即使你有重大的发明创造，但创造之路是永无止境的，必然尚存在着广阔的发展余地，不可因自满而放弃。因为攻克第一道难关是最艰巨的突破，须要付出高昂的代价。在大多数情况下，自己的初始成果往往是客体，而事业的发展过程才是主体，但初始成功的客体可以发展壮大成为事业的主流。我们不能浅尝辄止，有了原创的空前发现和伟大发明，就以为独占了永恒的山头，便不去再度深化，继续提升，却让别人轻易取去，最后，在竞争中制约了自己。这种半途而废的状况，真是万万分的可惜！

我们卓具像苏州这样世界独特而先进的城市规划模式，但竟然仅仅是为了杜绝“蚊蝇孳生地”的卫生“理由”而不惜填河拆桥；为了方便“城乡交流”和交通方便，而轻率地将传存了二千五百多年的古城墙拆除了，这是发生在20世纪最“舍本逐末”的历史事件。随后，我们又曾积极响应世界潮流，高速度地发展经济建设，并取得举世瞩目的飞跃增长。然而，这股由西方学者刮起的“浪潮”之风却并不是放之四海而皆准的普遍真理。正如在当时就被科学泰斗钱学森一针见血地给我们提醒的那样，应当冷静地“分析分析，看看哪些讲的是对的，哪些是胡说八道。我们国家对于正确的、科学的东西，是不能否认的……但是不能按照他们的路数来”。如今，片面地理解，盲目跟风模仿“先进国家”的所谓“全球化”的城市建设，居然在中国原本清明的大地上弥漫成生态环境的“雾霾化”，这比当年西方工业污染的后果更严重，而且还埋伏下生态灾难的种子。抬眼望，成片被推平的诗意栖居之庭园雅舍消失了，本来是可以维修成园林式现代化居宅的园林城市，却被一栋栋林立着的“高大丰碑”包围四周，一樘樘无人的窗口里，据说是一部分先富起来的人囤积财富的空房。如此这般地以“物”为本，像收藏文物那样等待“增值”，是否会得不偿失，或者竟然会“一本万利”，倒是有可能在洋人的“浪潮”论中潜藏着答案。

幸好,可喜的是应届政府早已作出英明的决策,不失时机地将可持续发展建设事业转型升级,高举科学发展的旗帜为人民谋福祉,让困难的家庭优先迁入了新居。更令人兴奋的是,将具有数千年悠久历史的古城墙修复起来了,古城保住了!这一系列彪炳千秋的丰功伟绩将载入地方志和历代文献不朽的光辉史册!

想当年,曾应苏州文史专家徐刚毅先生要求而复原的那张“阊门修复图”(见图),我庆幸并没有白画,被誉为“天门”的阊门修复了。并且,还有成千上万的苏州民居中祖传的文化瑰宝:由厅堂楼阁、山水花草等环境艺术凝练而成的温馨家园,尚存活在人们文明记忆的心灵深处。其中,就有我家曾经有过的那间朴实的“荣恩堂”。跟在大规模现代化建设浪潮中拆迁消失的众多建筑一样,这间普通的堂屋在世间作为物质的存在与否,已经并不重要,重要的是留在后代心目中是否值得纪念的精神地位,则具有如同城墙一样的意义。“堂”,在建筑文化中的含义,应是一个建筑群体中,作为传承宗族或民族精神的主题文化空间,综合其文化内涵及形式功能,可以含蓄地通过建筑的装修与结构细部关系的势能、材质,象征性地表达一种语言;更可直接地从匾额、楹联及图案韵律的符号中,用点睛之笔着意提亮神情的生命活力。据父辈们传嘱,“荣恩堂”曾经为抗日与解放事业奋斗的革命者提供掩护而承担过见义勇为的风险。如今,在其原址又建树起新的智能大厦。这既是一个持本以续、循环发展的进程,又是一座传承并弘扬建筑文化精神、孕育精英人才,以光大荣恩之道的“孵化器”式的新生代巨构。荣恩者,以繁荣的浓情厚爱施恩培德,又以恩德的深情奉献滋润繁荣,是也。苏州有句俗话说“恩得动,仇勿动”,教育的积极助力,实为

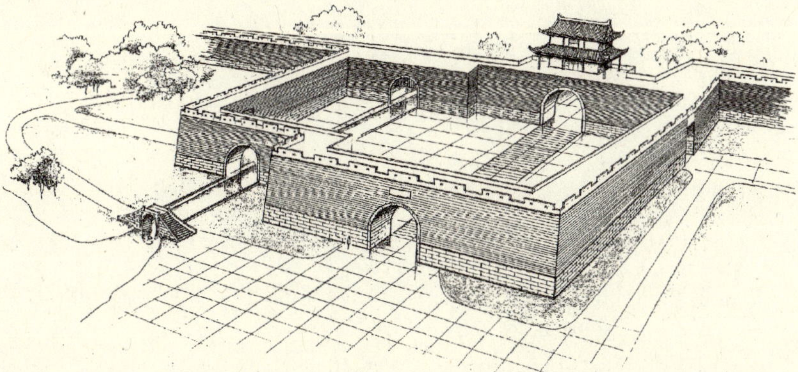

感化。以建筑实体及其空间的关怀护持着人类的生活，以建筑文化的教育与理想鼓舞着人民群众的希望。这也是我们每一个本土建筑师共同的心愿。

聊以自慰的是，五十多年来已为国家和人民大众设计建造众多各类新的“荣恩堂”也尽在进化着的生态循环之中。本书收集的数十篇文字是作者在寻常设计事务与工程间隙断续的积累，包括札记、感言和讲稿等原始记录，按编年排列，为的是尽可能如实反映历来各段时代语境条件下的进程。其中，凡有陈旧落后的观念与错误之处，只好请读者自主地分析批判了。限于篇幅及版面限制，有关工程设计方面的图档资料和细节，如有必要和可能，可友情提供同行参考交流。

2013 年 2 月 22 日作者于苏州锦华苑泮池

壮哉！古代高层建筑雄伟的门槛

——明代南京大报恩寺琉璃塔拱门复原追记

1958年全民大炼钢铁时，为砌筑小高炉，需大量耐火砖。有人发现，在南京中华门外一所名叫“宝塔根小学”的操场周边和附近地带，许多随处可见的琉璃碎砖可以用来代替耐火砖。于是，人们便四处挖掘，范围越来越大。

按有关史料与方志记载，这里曾经是南京最古老的一座梵刹，也是最大的一个寺院所在地，相传为三国东吴大帝孙权始建的“建初寺”故址。梁时称为“长干寺”，宋时名“天禧寺”，元时改为“慈恩旌忠寺”。明初《洪武京城图志》又复称为“天禧寺”。明永乐十年（1412）该寺重建，至宣德六年（1431）完工，历时十九年，建成后改名为“报恩寺”。

根据明清以来历代名人游记中的诸多描述，报恩寺内建有一座高大的琉璃塔，“高出天表，数十里外可望见”[1]，据称塔高79.999 2米（也有说是106.665 6米），凡九级八面，纹石雕瓦，千奇百丽。“塔四周镌四天王金刚护法神，中镌如来像，俱用白石，精细巧致若鬼工。”[2]整个塔身都是用南京烧造的五色琉璃砖和江西烧造的瓷砖砌成，金碧辉煌，巍峨壮丽。天幕之下的这座报恩寺琉璃塔，金轮耸云，华灯耀月，堪为南都巨观。据说，为建造这座宝塔，除了花去钱粮银二百四十八万多两外，担任这个工程监工的三保太监郑和，又把他下西洋的余款一百多万两银子加进去，其规模之宏大，叹为观止，超过当时苏州报恩寺塔（北寺塔），不愧江南“第一塔”之称。18世纪欧洲来华游历者，曾将其视为南京的象征，将其誉为中古时期世界七大建筑奇迹之一。遗憾的是，这样一座旷世巨构，不幸在清咸丰年间的太平天国战争中毁于兵火，除了在一幅碑刻上留有简

---

① ［明］王世贞：《游牛首诸山记》。
② ［清］甘熙：《白下琐言》卷四。

单的立面形状之外，连一份比较详细的构造记录和装饰图样都没有完整地保存下来。说是“兵火”，其实还不是被战火烧毁的，因为这琉璃塔不是木构，根本不可能燃烧。据说，交战一方为防止处在靠城墙不远的高塔被敌方占领从而居高临下侦察城内军情，竟然将一麻袋一麻袋的黄豆运进宝塔二层，四周捆扎严实，然后在底层架火焚烧，黄豆受热膨胀，终于使宝塔轰然崩塌。直到 20 世纪 30 年代初，那塔顶铸有十二方位的巨大铁刹还横卧废墟，惜在抗战时期为日寇劫掠殆尽。后来，在此繁华一时的“宝塔根”上建成一所小学。

随着对废残琉璃砖的寻觅和挖掘，后来在距中华门西南能仁里不远的窑岗村，又挖掘出一批较为完整的大型建筑琉璃构件，这些可能是当时烧造不合格的坯件和半成品（见图 1）。笔者与建筑考古学家张正祥先生同赴现场抢救，希望能为荡然无存的报恩寺和琉璃塔挽留一些珍贵的古建遗存。

图 1

我们发现，这是一处明代御用琉璃砖瓦官窑遗址及琉璃建筑构件场库。继续发掘、清理并收集了较为完整的不配套零星琉璃构件十余吨，其中有很多是属于琉璃塔的建筑构件。而且在其隐蔽部位，还标有如“七层右”、“东五上二”

等记号，这些显然是根据设计为施工装配而预注的就位编码。也清理出一些塔上的琉璃柱身、柱头、柱硕、带有彩画的额枋、平板枋、椽子和平座下的板檐砖，以及经过素烧而未上釉入窑进行二次烧造的斗拱、脊饰、花檐、滴水、筒瓦和板瓦等，另有若干未上釉的龙纹瓦当，它们可能是专为明故宫烧造的未成品（见图2）。我们还希望能发现当时的生产工具，惜未能如愿。

图2

满载而归后，发现琉璃塔上每层的拱形门套装饰华丽，但又大小不一，不成整体，须以某一层次的尺度为准复原成一个完整的拱门。由我按统一的图案缩放，然后补塑残缺的部分构件，最后组装成完整的单元拱门（见图3）。

图3

图4

拱门由25块雕刻生动的五色琉璃空心砖叠砌而成，壁厚达5厘米左右，上下及左（右）侧预留供安装时贯立、穿承并锚固外侧墙体的各式洞孔及定位防移的卡槽、楔窝等构节。朝外侧的正面为浮起3至6厘米不等的高浮雕。由于每层的尺度均由下而上递减，所以每一块构件的尺度都不一样，我们复原的那一樘拱门门套计有3.3米高，空心构件整体厚度有三十多厘米。每一块重量各异，其中最重的将近五十千克。门券左右对称，柱顶正中蹲着一个三眼鸟咀，鳞足禽爪，挥举双手，俗称为“雷公”的展翅人体，即佛经中所称的“迦楼罗”，或称为“金翅鸟”（见图4）。其两侧为左右成对的人身蛇尾，双手合掌，作飞天状飘逸的龙女“摩睺罗迦”，或称“大蟒神”。龙女下面是口衔莲花，健壮活泼的龙，站立于莲座之上。其下乃飞羊、狮子和白象，皆分别站立于莲座。最下层垫以矮小沉稳的须弥墩座。

拱门图案及其色彩装饰属典型的明式风格，柱身和柱础均为深红琉璃釉砖，柱头有绿色彩画，以传统“如意头”组成“一整六破”或“一整四破”纹样，额枋上的琉璃砖图案与现存北京明陵宣德皇帝的景陵明楼彩画相似。各式浮雕色彩均以绿釉为地，花心敷以黄色“小点金”，艺术格调既素雅又堂皇，气韵生动，线型优美流畅。经修复的琉璃拱门已由南京博物院收藏（见图5）。

图5

在复原琉璃塔拱门的过程中，我们从历史进步的层面领略到，报恩寺工程的精致程度实在是前所未有的。可想而知，早在五百多年之前的明代，建筑的整体风格和艺术特色，特别是在当时出现的大型装配式工程复杂构造的预制构件制作和安装工艺技术，就已经达到如此惊人的水平，这在我国建筑史上是卓具时代意义的珍贵记录。

1961年6月写于京郊翠微路北京文化学院图书馆

教育是时代进步的大业

——关于“教、学、做合一”的尝试

延续人间十度春秋的“动乱年代”，直至愤怒的大地震醒了麻木的芸芸众生而告终。所幸有作为中流砥柱的革命前贤力挽狂澜，也全靠“民族脊梁”——我们的父老乡亲们坚持“抓革命，促生产”的根本基业，支撑着与日月同运的国计民生，大局才得以稳定，终于结束了20世纪中叶那场空前的浩劫。如今，人们如梦初醒，庆幸复归了那太平世界固有的宁静。毕竟，人还在，尚可以奋起直追，竭尽所能弥补那段荒废了的岁月。当然，物质上的损失与心灵的创伤殊为深重：丧失和耽误了的生命、时间、机会和权益，都无法用计量单位追补得回来。情势有如抗战胜利、内战结束后新中国成立初期那种“百废待兴”的局面，而其中，影响最为严重的是中断了的，或者可以说是被糟蹋了十年的教育与进程。

让我们冷静地站在历史的高度寻思，究竟是什么原因导致我们在这十年珍贵时光中走上了在其他国家所不可能、也不值得经历的一段弯路呢？造成此类不堪回首的荒唐与倒退，也许是滞后在根深蒂固的习惯思维中普遍不以为然的认知障碍。当一个时代社会的主流意识，包括是非观念和行为意识，缘以种种脱离实际的原因而失衡和倾斜，而且日积月累，一再反复地愈演愈烈，以致形成习惯趋势的恶性循环而积重难返时，那就十分危险了。就像蚁穴溃堤而决口的洪水，会泛滥成灾；也犹如诸多工程事故的发生，都是由对隐患的漠视和安全教育的失范所致。其实，这一切都并非偶然，人世间的是非正误，包括时风的清浊，及其因果溯源的辨别与判断，归根结蒂都在于对一切虚实真假的如何把握。问题的关键就表现在教育的社会功能是否发挥到确切对位的严谨程度。

教育与接受教育，对于国、家、集团和个人来说，都应是贯彻始终的“盛德大业”[①]，并且，绝对应当不仅仅限于早期的学校教育，这是一个曾经被普遍忽视了的意识。传统文化中历代众多教育家，从古代的孔子、韩愈到近代的陶行知、蔡元培等，都一再慎重提示并强调过这一点，特别是韩愈在《师说》中的关于教育实质性的传道、授业和解惑这三重要义，还有陶行知关于普及社会“生活教育”的系统理论，都十分精辟地阐述了教学相长的道理。然而，中国历史上长期霸行的封建势力，其顽固不化的反动性与进步的民主革命力量之间“水火不相容”的殊死对抗，却依然隐伏着影响至今。实际上，科学的辩证法并没有真正通过教与学的认识途径，完善地从形象的表面深入透彻到看不见的事物内部，特别是人们认知觉悟的内心世界。从十年动乱中所演绎着的一幕幕荒唐闹剧隐约可见，正是旧社会残余的封建势力以伪装的“革命”面目，与科学民主的新兴力量，进行着势不两立的残酷较量。对比一下这十年前后的情况，光是从社会风气和道德观念退化的程度上看，灾难的十年折腾，不仅仅未能革资本主义的命，却反而让封建流毒在新社会的阳光被遮蔽的阴影下发了酵，并且极有可能蔓延感染，贻害后代。要肃清余毒，还不是一朝一夕的事情。

有感于此，我们要接受历史的深刻教训，新时代的教育亟须大力发扬科学的、实事求是的精神，摒弃一切虚假的伪劣成分，严防一些不切合我民族本土文化所需的被动倾向和盲目追求。诚然，我们确实应当向世界先进的教育体制借鉴学习，但似乎并不必要迷信别人在别的条件和环境中生存的发展事物，以“如法炮制”的生搬硬套来标榜为自己的“现代化”。当务之急，还更应脚踏实地关注近在眼前却熟视无睹的资源、朴实无华的生命元素：从净水、沃土到智慧和英才。这场教育事业的革新，实须加强教与学齐头并进、持之以恒的实验性实践。曾记得陶行知先生关于“生活教育”的系统理论，提倡过一种“教、学、做合一”的模式。因此，接受自身所经历的体会和教训，是否可在今后的生活实践中作一些尝试呢？这也许是饶有意义的事情。于是，从 1978 年 9 月起，我便利用业余及调休时间，应邀投入几所高、中等院校的兼职教育工作，开始围绕着对设计、创作与艺术史论的研习，在教、学和做三者之间，相辅相成地融汇践行。这么做，为的是缓解当前教学环节暂时的匮乏与“脱节”，也算是谋求给至真至善的教育事业和年轻学子们捐献一份可能有用的绵薄。

为难的是教材问题。艺术教育关于纯属传统技法的教学及教材的取得，似

---

① 《周易·系辞上》。

乎并不麻烦;但当涉及设计创作跟与之不可分割的艺术思维之观念领域时,则当今还处在尚未明朗的复杂气象中。有人认为过去的教本存在某些问题,尚有争议,不可误人子弟;也有的认为,艺术教育涉及高深的文化领域,应由有丰富实践的艺术家参与精心编写教材。然而,众所周知的是,艺术家无不都是凭自己的作品来讲实话的,过去所发生的事情,让他们对此不感兴趣。为适应现状,普遍的对策是只能暂按既有文本的目录章节,权供逐步的充实与过渡。当然,首先须有切实的讲稿。

惊喜的是,未曾料到昔日同窗,远在北京的老同学上官丰,也跟我不约而同地实践着同样的尝试。并且,他已经让理工科专业的学生也沉湎到享受艺术教育的乐趣之中,他们兴致勃勃地加入选修艺术修养课的行列,一时间听课人数骤增,以至堂堂爆满,气氛热烈。这种现象表明,教学如果能以自然轻松而贴近生活的艺术哲理激活学生的思想,那便是一种亲和的引力,能让学生对求知的欲念从陌生、关注,到愿意接触、尝试,直至放心投入,从而产生兴趣、信心和创作欲。这个过程也如同引导他们认真地尝试着掀开一本将要进修的书——或者可喻为推开一座山水庭园藩篱上那扇粗糙得棘手的柴扉。当感知此刻如蓦然光临一个幽雅绚丽的新境界时,也同时发现水池倒影中映现出一个真实的自己。于是,便开始了阅读包括自己在内的知识天地。发现自我在其中的存在,那是极为重要的。

这样,让寻常在封闭式的教学中照本朗读了无数遍却开不了窍的学生们,顷刻实现了恍然大悟的突破。此时,受环境骤然振奋,在触景生情而敏感的刹那,截获到一种新鲜的灵机,由此萌生出标新立异的自主创意来。在这方面,须要修炼的是:用心观察体验,提升发自内心的敏感,即心灵感应的表现力。

从沿袭至今常规的传统教育倾向看,教育事业在教与学这两个互动的主体之间,尚未充分地凝合成一个核心的有机整体。无论是在科学还是艺术的领域,仍普遍地分别处在两个层次,即专业教习与学术教研似乎各自呈分道扬镳之势,前者着重技法的规约与磨炼,后者讲究谋略的探索与精进。两者之间如果未能有效地实现相互密切依存的协调关系,则主体两翼也就难免形成彼此不该出现的失衡状态。因此,须要从完整的学术意义上深度解析疑难问题,特别是基础理论与专业实践之间不可回避的相互促进。

最近,吴冠中老师带研究生来苏进行教学考察实践,4 月 14 日在丝绸工学院美术系作了一次讲演,重点谈了当前我们必须清醒认识的几个问题,其中,就有关形式美、内容与形式等在当前艺术界正进行着的大讨论中,应当秉持的科学理念作了实事求是的辩证分析,他热情地鼓励我们树起在艺术思想上自觉的解放意识,也厘清了我们头脑中纠结多年的迷惘。近年来他所发表的一系列极有启蒙影响的说理文章①,我们都应当联系自己的专业实践,认真解读。吴先生为艺术而奉献的大无畏精神及其非凡的业绩,跟他独树一帜的创作成就交相辉映,堪以载入中国美术史上发展进化着的经典史册。在他离苏前的一个晚上,我又幸运地享受了一次亲切的教诲,针对我从事的建筑设计工作,他介绍了5年来与有名的建筑师邹德侬先生共同对建筑创作深入的切磋与交流心得,教导我如何在传统文化(比如说苏州园林艺术)中进行不同深度层次的分解与化合,通过对自然及生活的观察、分析与"筛洗",将探索的对象"击碎"成依然保持着固有生命活力的元素(或者说是基本的纯粹的单体分子),然后提取出来,按当代现实的需求,在满足新功能的框架里,随机塑造,化合履新。

果然,在"教、学、做合一"的实验性践行中,确实逐步地取得瞩目的成效。比如在围绕着建筑环境与园林境界的学研中,触及艺术追求最幽雅的极致;在教习中,通过对学生习作的讲评,共同分享到对课程的兴趣与教益;在做的方面,更显示出彼此值得自豪的能力与价值。经过一个阶段的尝试,再回眸既往的教学方式,令人感悟至深的是思想的僵化是多么的可惜!那是影响进步的最大障碍。当然,此外还存在着另一个众所周知的原因:出于保守思想,或者是出于狭隘的私心杂念,对某些脱离实际的说教,包括那些一成不变的基础理论中存在偏颇的成见,抱着不值得较真的回避心态,害怕身惹是非,其实是不必要的。由此可以说明,我们对辩证法还没有学好,对科学的艺术哲学一知半解,甚至执迷不悟。

教育是建树时代进步的文明大业,特别是艺术教育中的造型艺术,并不只是凭文字、声音表达意思的专业,而是靠驰骋于浩瀚空间的丰富形象来表明深刻内容的示范性事业,因为形式具有最鲜明的感召力量。所以不能倾斜地以对立统一的任何一方来绝对支配或对抗另一方,而应是在运动中相互依存,彼此促进矛盾的良性循环,实现升华,这样才能使科学的艺术事业运行不息。这就需要我们开放思想,为时代进步而建树宏伟、繁荣的艺术文明大业,造福社会。

"教、学、做合一"的教育模式或许是有益于现代艺术教育的新形式,是否值

① 吴冠中:《绘画的形式美》,《美术》,1979年第5期。

得普遍参考，还得按具体条件的可能合理选择。本文谨试图通过上述的教、学、用三联一体形式的综合体验，以某个具体设定的典型教案为概例，谋求体现教育的普遍事业对持续社会文明进化的意义。

1980 年 5 月 12 日草于苏州沧浪亭面水轩

点睛之笔

——对苏州火车站室内壁画创作的几点提示

在苏州火车站的建站史上，以清光绪三十二年(1906)首建时仅205平方米的雏形小筑作为第一代的站屋算起，历经抗战时期修建成炮楼式的站屋作为第二代体型，至20世纪80年代初竣工的本工程，已经是第三代，具有六千多平方米的规模。因时代进步之需，市政府建站指挥部指示，要进一步深化室内装饰设计。由于站屋室内空间体量较大，为了适当减弱由此而造成的单调感，也为了借此弥补建筑设计中的某些缺陷，须在室内建筑装饰上进行处理。处理的方法是：利用装修材料的色彩、装修材料的组合与构成形式、电照灯具的光影效果、透视错觉以及对大面积墙面的艺术处理——粉刷或建筑壁画，来实现理想的空间效果。因此，作为装修设计的一个方面，壁画是建筑室内设计的一部分，或者说，是室内装修设计的深化。壁画创作宜在充分理解建筑内部空间形象的设计构思及表现意图的基础上，将创作的过程与实现建筑装饰设计构想紧密地结合进行。

公共建筑的壁画是建筑物的有机组成部分，它的存在及其地位，应充分体现该建筑物的个性和特色，它从属于建筑而存在，是为建筑的功能服务的。应避免脱离建筑物体本性的虚构，避免那种破坏建筑整体感的喧宾夺主的效果。壁画不同于一般悬挂性的绘画，一般绘画创作是独立的艺术品，可以置于不同场合、环境，普遍地表现作者的技巧，而壁画创作与它所处的建筑空间息息相关，它要对建筑的功能施加影响，也受建筑功能的制约。对火车站来说，它要帮助建筑空间呈现安定感，给旅客创设舒适的境界，减轻疲劳感，以此体现对人的关怀，体现对候车旅客情绪的安慰。同时，通过这些颇具美感的形象，给人们享以健康的审美趣味及爱国主义的乡土史地教育。所以，壁画是构成建筑空间形象的重要因素，应把它与建筑装修、室内陈设、家具灯具等造型与色彩放置在一起进行全面统一的整体考虑，不能忽视它对环境的谐调和稳定作用。从这一点出发，创作时应注意将壁画画面的艺术效果具体地落实到既定的位置、高度、角度、光影等相融洽谐调的空间环境之内，使壁画本身与建筑室内空间设计的艺术效果相得益彰。形象地说，每幅壁画都不是孤立的作品，它是依附在建筑壁面上有共同生命的机体，它与建筑的关系，就像是素描中的某一个调子与整个画面的关系，壁画是局部，建筑是大体。

苏州火车站室内壁画创作总的思想原则遵照市领导指示："美观大方，协调健康。"在车站壁画的方案创作阶段，对于内容、题材、形式和手法的考虑范围可以宽一些，但从建筑设计的角度，有如下几点提示：

1. 追求和表现苏州独具的特色。吸取外地有关壁画成功或失败的经验教训，但不能模仿。题材可以是历史的，也可以是现实的，或者是理想的，以表现苏州地方的风土人情为宜，总之，给旅游者一个良好的、留恋的、深刻的"苏州印象"，以适应苏州城市的性质。

2. 请注意实际的具体效果，创作画稿与施工上墙之间，有一个实现的技术过程，对施工绘制的物质材料和技术条件与画面效果中将出现的种种矛盾应予充分的估计。如眩光、透视变形，车站墙面及空气烟尘、湿雾、光照对颜料及板面的物理与化学影响，等等。关于画面底板的技术处理，牵涉到建筑构造的，可与建筑设计联系解决。

3. 充分利用建筑装修材料本身的装饰效果。在建筑设计中已经采用内庭和园林小品的设计，因此，壁画似不宜再表现园林，原因是园林本身是空间艺术，绘画中的园林无论如何比不上园林实体，再说，园林之美以藏为主，不必在车站表现过分。"不到园林，怎知春色如许。"车站环境含蓄地露一点园林意境的味道未尝不可，但车站毕竟是车站。

4. 请注意发挥壁画本身独特的表现特征。在人群熙攘的公共环境中，在流动频繁的空间里，如果同一般绘画那样追求色彩的复杂变化及明暗调子、焦点透视，受特定的时、地、空"三一律"限制，情节性的写实画面，其大效果势必十分糟糕。为求得明暗的视感，在造型与色彩上须高度概括和强调，在构图上可不受时空制约，可采用散点透视、观念透视，将不同时、地、空物象情节环境有机地处理在一个画面中，如同敦煌壁画"本生图"中那种多度空间的综合表现手法，因此，在壁画的形式上须讲究一定的装饰性。

5. 装饰壁画的色彩，可以自然与理想相结合。由于大型公共建筑壁画色彩调子对建筑空间具有气氛的笼罩性,这种色调应适合建筑环境、观众(旅客)心理的综合效果。因此,请按建筑装修设计所提供的环境和空间效果考虑相应的壁画色彩调子。在创作壁画时,有必要做一些效果图。建筑设计要求画家亲临现场去考察体验一番环境,再具体构思行将创作的画面。"量身定做"地专门推敲,充分预想到作品上墙、施工就位后将呈现的空间艺术效果,即我们共同的目的。

以上各点仅供参考,希望将车站壁画创作作为一个新的开端,发展苏州的现代化建筑壁画运动,繁荣环境艺术的建筑文化。

1981 年 5 月于苏州市建筑设计院

站在历史的高度认识苏州地方建筑风格

——在苏州市建筑地方风格研讨会上的发言

全面完整地理解所在地区的建筑风格及其特色，十分有利于设计创作。关于苏州城市建筑风格问题谈四点意见。

一、出发点与立场

人类社会的任何创造，都不是偶然的。一个国家、地区和民族在社会历史实践过程中创造的物质与精神文明，反映着社会发展一定历史阶段上的技术进步、生产经验和劳动技能，反映着在教育、科学、艺术和与之相适应的设施方面所达到的水平。而城市、建筑、造型艺术正是这种设施，即社会文化具体形象的表现。

世界上不同地区和民族创造的文化，代表着各自不同的风格。什么叫“风格”？“风格”一词源于古希腊。它最初的含义是指笔杆子，以后指笔调，再后来这一概念愈来愈扩大，并超越了文学的范畴，进入音乐、美术、建筑等艺术领域。大约在18世纪中叶，人们开始把“风格”理解成作品的艺术特色。“风格”是世界观、时代精神、民族特点及创作者的个性以及表现手法的统一体。只有当作品的内容和形式诸种因素都具有特色，而且有机地融合之后才能呈现出风格。如果一座建筑的材料、形象、结构、色彩、手法及装修的艺术语言都十分平庸，没有特色及统一的倾向性，或者有一定的特色而缺乏浑然一体的完美结合，那么这种没有鲜明感的建筑就没有风格可言。所以，没有独创性的、模仿的东西就谈不上风格。风格可以属于个人、流派、时代、阶级和民族。

地方建筑民族风格的形成，绝不是孤立的现象，因而也绝不能就现状论现状。一个地方民族建筑风格与文化特征的形成是受历史、地理、自然、社会生产力和人的创造能力、生活方式及社会意识形态等诸种主客观因素的制约，而逐步完善的。当这些因素改变了，风格也就随着改变了。从人的因素来看，建筑风格与建筑师的创作个性、思维能力、性格气质、生活经历、美学理想、表现手法有关，也跟建筑师所处的时代环境、社会风尚和文化传统有关；从自然地理的情况来看，建筑风格的形成还与建筑的性质及其所使用的物质材料和技术条件有关，不同的材料和工具产生不同的加工工艺，特殊的气候地理条件也影响着建筑的某些构造特征和情调。同时，地方特色也从风格上反映出该民族的社会经济结构、生活方式、自然环境和风俗习惯，反映出民族的心理状态和审美观念。例如法兰西民族的近代建筑艺术风格比较明朗、雅致，而德意志民族的艺术风格则比较严肃而深刻。再从历史的角度来观察苏州，现在屹立在苏州城里的某一幢房子，某一座桥梁，它是历史的房子、历史的桥梁在当代的继续，它还要继续发展演变下去，成为今后的房子和桥梁。从而，我们可以认为，风格并不是一成不变的东西，它是随着原因的改变而改变它的结果。今天的苏州，是在江南优越的自然地理环境条件下，我们历代祖先遵循历史规律而艰苦创业的必然结果。研究苏州城市地方风格，要弄清它形成、发展的来龙去脉，只有认识它的过去，探索出历史发展中的某些规律，才能结合当前的生产力水平及主客观条件，很好地规划未来。我们不能割断历史，不能让后人谴责我们生在苏州历史上最可纪念的伟大时代而不曾尽这个时代所赋予的历史责任，承前启后，继往开来。正因为风格是上述种种主客观条件的产物，所以对地方风格的研究，首先应当站立在这样的历史高度。一个国家的地方民族风格越鲜明则在世界上的影响就越大。民族风格如果不能根植于本民族的精神土壤之中，也就不能在人类世界的文明创造中争奇斗艳。伟大中华民族独特的建筑风格之所以在世界上独树一帜，正是由于她具有鲜明的风格特色。而我们苏州呢？这座号称“人间天堂”而闻名世界的东方古城，她究竟是凭着什么样的魅力吸引着世界？当我们远离家乡，旅居外地时，无论白天回忆着的，还是梦中浮现着的，苏州印象确实如唐诗中的意境那样的优美：“君到姑苏见，人家尽枕河。古宫闲地少，水港小桥多；夜市卖菱藕，春船载绮罗。遥知未眠月，乡思在渔歌。”可是，回到苏州以后，发现杜荀鹤这首诗所表现的境界正在淡薄甚至消失。将近半个世纪以来，苏州市的一系列伟大成就是了不起的。但是，这些伟大成就也是全国其他城市所共同具有的。如果从保留及创造风格特色的意义上历史地看，则有些使人遗憾；再从对保护文化遗产的态度和做法上说，甚至还有点令人痛心。毫无疑问,苏州是凭着自己的特色吸引着世界的。何为特色呢?人所不具我独具,与众不同,是谓"特色"。而苏州的特色主要是深厚的传统魅力,然后才是受传统特色的深刻影响而在当代焕发着的新鲜活力。

有人可能会说:"你就知道复古,守旧,厚古薄今,不要现代化。"这种迫切要求现代化的心情诚可理解,但是现代化要有坚实的文化基础。我们应该加深对"文化"的认识。在历史的一定物质资料生产方式基础上发生、发展的社会精神生活形式的总和,称为"文化"。社会生产中采用革新技术和科学发明的程度,物质资料生产者的文化技术水平,以及教育、艺术在人民中普及的程度,是历史达到某一文化发展水平的标志。我们搞创作设计,如果头脑里缺少历史规律这根弦,意识不到自己眼前的所作所为有着历史的继承性和延续性,体会不到祖先创业的艰难与高贵,甚至对祖国的历史没有了解,没有感情,而热衷于洋人华而不实的、低级趣味的玩意儿,受了骗还不知道是吃了亏,这是愚昧的。现代化就是为了要让自己的国家和民族强盛起来,而强盛起来并不是学人家的表面成果,所以,普及教育,加强教育事业是十分迫切的任务。如果连是非、美丑都不分,不懂就认为不好,那么如何搞好建设与实现现代化呢?

上述认识问题,如果不很好地解决,那么,要研究苏州的地方风格就无从谈起。所以,对这一问题的基本立场及出发点,是需要明确的。要澄清思想,抛开成见,虚心学习文化。

二、苏州城市的改造与建设

在古城苏州市搞规划、设计与建设,跟在"空地"上建造新城市完全不同。我们过去在设计工作中有一个毛病:很少注意到与现在既有环境的谐调。有些工程项目,甚至没有进行必要的现场踏勘,就想当然地在图纸上筹划起来。治理一个城市,就像调理一个人的身体一样,特别是对一个风景旅游城市,更应该有与城市性质相适应的特殊处方。风景旅游城市应当是风景如画,沿街立面、交通枢纽、广场绿地、河畔桥堍,无论从哪一个角度看去都应当符合画面与空间的构图要求。城市的风格特色体现在城市建设上,而建设主要分两个功能方面:一个是"供排"循环系统;另一个是生产生活系统。前者好像是人的血脉,包括道路、桥梁、河道、广场、公共设施、水电燃料供应网等,后者则指所有的建筑形体和环境,它好像是构成人体的组织细胞。

对于古城苏州的改造和建设，曾经有两种不同意见：第一种意见认为苏州的建筑风格要体现时代感，社会进入工业化时代，就要拆除手工业时代破破烂烂的建筑，把苏州改造成一个完全“现代化”形式的新城市；第二种意见认为要保留城市传统建筑的面貌，在保持苏州特有风格的基础上进行改造。我是坚定地支持第二种意见并且为其施行作出技术与艺术上的创造而努力的。但是这样说并不是在实质上否定第一种意见。可能有人认为我是保守落后，不过，站在历史的高度俯视古城苏州的真面目，冷静地分析一下上述两种不同的意见，然后，在文化的基础上探讨是非，也许很有必要。

现代化这个概念，在画报、电视、图片的宣传中给人们一个印象，也使对文化理解不完整的朋友产生一种错觉，好像高楼大厦、高速公路、奇形怪状的设施、时髦的穿戴，就构成了一个现代化的社会。如果那样看可真是有些形式主义了，世界上有些落后国家，甚至殖民地国家的首都也具备着上述的外表，但根本不具现代进步之实。现代化，归根结蒂，体现在国民经济和生产力高度发展的先进水平上。美国弗吉尼亚州威廉斯堡还保留着过去英国殖民时代的历史面貌，它的历史远远不及苏州。尽管如此，美国还以此作国家民族文化历史的见证，难道美国没有能力在那块地方建造一个“现代化”的城市吗？

每一个文明国家都建有本民族值得引以自豪的历史博物馆、文化历史胜迹，甚至“城市博物馆”。在那些地方可以对青年后代进行爱国主义的乡土历史教育。苏州这样一座规划完整的古老城市，旅游者是怀着对中华民族悠久的文化历史的尊重与仰慕而来，以“到此一游”为幸。人家对我们的历史文化尚且如此敬崇，而我们则应该如何对待祖国的历史，如何对待我们祖先的辛勤创造呢？城市，难道不正是见证着我们的先辈创业传统真实的生动教材吗？

保留苏州传统建筑的地方特色与现代化建设并不矛盾，保持苏州城市传统的地方风格、地方特色，并不是说对旧的建筑、街道丝毫不可更动，而是有意识地保留传统中的优秀合理部分。我们的原则是：对文化古迹、古典建筑要千方百计地维修保护，因为它不会再有了；而对为现代生活服务的创新设计项目，却千万不可盲目地沉湎于模仿，因为一味地模仿或抄袭，那是懒汉，是没有出息的表现，也是丧失民族精神和时代精神的表现。从这一点出发，新的风格是新的生产力条件决定的，创造就是要摆脱手工业时代模拟自然的束缚，飞檐不必再是翚飞，例如当今我们正在设计的火车站，出沿不做瓦楞和飞椽，这是一种创新的尝试。

有人对文化的价值偏持着实用主义的态度，这是一种执迷的“聪明”，宜待尽早清醒过来。须知：伟大的万里长城，在现代无疑不具备防卫的功能，但是，跟所有历史文物一样，它的精神意义和教育作用，比生活实用品高贵得多，这是两种不同的价值观念。

在新的生产力条件下，旧的建筑须要改造，须要根据当代的科学技术、材料结构、生活水平来进行治理、改善和再创造。如果不承认这一点，那么中国建筑仍然是原始时代的洞穴。绝对保持原状是不可能的，所谓保持原状毕竟是相对的。苏州地区的建筑，随着旧式木构材料的老朽和木材来源的短缺，不久以后将要面临一个全面的迫切情势：“结构改革”，那是毫无疑问的。但是如何改革呢？我觉得一种新颖的、具备较好抗震性能的，或者是钢筋混凝土立帖式构架，排水畅快的坡屋面、吸音隔热性能高的墙身、水电暖卫设备齐全，甚至太阳能储热装置等，自成体系的、集中苏式建筑一切优点的庭园建筑，必将跟国民经济现代化一同问世，这才像是真正的既保留传统特色，又具有现代化气息的苏州风格。我认为，这就是方向，一个名副其实的现代化的旅游城市苏州，也是历史发展的合情合理的必然。假如不站在尊重历史文化的基础上，片面地按上述第一种主张办事，苏州城即使建成像上海那样，像洋画报上抄来的那般模样，恐怕连风景旅游城市的资格都保不住。我们要对历史负责任，这种功罪，虽然在当代定不了案，但是影响千古，非同小可呀！

既然是风景旅游城市，那么就要把自己的性质功能放在首先考虑的主要地位。旅游不等于简单的玩乐，积极的旅游活动是在工作之余，在休息活动中增长见识，丰富思想，接受生动的爱国主义教育和启发，从而调剂精神情绪，触发思想灵感，推动旅游者各自的本职工作，最根本目的是促进社会生产力的提高。人们在旅游活动中陶冶高尚的生活情趣，这就是所谓“寓教于乐”、“寓教于游”。为适应旅游事业的需要，我想有些较富有特色的庭园式民居，现在就可以整修一下，装上现代设备，辟为旅馆开放。苏州原有许多街坊地名来源于某些具有进步意义的典故，为丰富旅游活动内容，可在这方面下功夫，如范庄前的牌楼应当修复；而干将坊则完全可以通过考证，选择一处合适的位置，设计建造一座春秋战国时代风格的冶铁作坊建筑，作为专业博物馆。对历代先烈，包括革命烈士、民间传说，都应审查定案成为纪念性旅游设施。此外，广场雕塑、建筑小品、街景立面都应纳入建筑美术专业的环境设计范围，因为旅游城市的市容空间，应当在任何角度看去都符合艺术构图规律，这一工作，一方面须要成立市容管理审查机构，另外，必须普及美的教育，这也是提高全民思想文化水平的一个方面。

至于如何规划，我认为应当从实际出发，可以作某种全面的设想，但要从大处着眼，小处着手，关键是要干起来。考虑到可能出现的失误，最好不要全线铺开，战线太长要被动的，可以由小规模开始，逐渐扩大。

另外，完整的规划方案，最好应有行政的或法律的承认，任何人不要随意地片面更改，因为完整的设计是一个有机的统一体，是不容许肢解的。规划部门应当是城市建设的权威，但不是简单的抽象的权威，而是一个具体的权威，这种权威应有规划方面的法规来维护和保障。规划对设计的要求，不能简单地划一块地皮，而应当提供整体环境的资料。

我们有一个缺点，即到外地参观，喜欢抄人家的东西，美其名曰“观摩学习”，其实抄袭弄不好反而要闹笑话，而且使自己丧失了思考的机会和权利、锐气和风格特色。“应当记住的不是结论，而是方法。”方法在希腊文中是“道路”的意思。我们往往也在学人家的效果和结论，这并不好。学习应当是学人家的创作过程，通过借鉴实例，分析在彼时彼地条件下，彼方的出发点和所以然，然后按自己此时此地此方的条件去琢磨推敲，这就须要很好地了解和熟悉哺育我们生活、成长的城市，只有充分认识，才能做到扬长避短，发挥优势。

三、对苏州城市特色的科学及美学分析

苏州是江南城镇风格特色表现得比较典型、完整、浓厚的城市。从总体上看，构成苏州城市特色的主要方面是有组织的、布局合理的、环绕着庭园天井的建筑群及联系它们的纽带——小桥、小河、小街、小巷。这些建筑平面的外轮廓都是规整的，外形是简洁的，但局部的布局又是丰富而具有艺术趣味、外简内繁的。这是“多样统一”的形式法则在苏州城市建设中的应用。

从空间的构图上看，苏式建筑追求合理舒适的平面，重视起居活动的空间安排，注意通风、朝向、晒洗、卫生条件的创造，在建筑形象上富有文化艺术的趣味。

在造型上，无论建筑、街道和桥梁都体现着地方的工艺美术的普遍特性，建筑的平面、构架、装修，市内的路面、驳岸、河埠和拱桥，从大轮廓到细部，都富有图案趣味。“无雕不成屋，有刻斯为贵”，这在手工业时代的苏州，看来是天经地

义的事，然而这些雕琢区别于皇家宫廷艺术的繁缛森严的风格：它是以比较淳朴亲切的、讲究功能效用的民间艺术为基础发展起来的；而不追求富丽堂皇、珠光宝气，即使有精细雕琢也竭力保持着素雅和秀气。以门为例：外墙的石库门简洁到不能再简洁的地步，但简而不陋，加工精良，它的尺度还很讲究；而朝内面的砖细库门楼及木装修，则都制作精细，玲珑剔透。尽管如此，并不见得令人眼花缭乱。因为色彩统一而单纯，这样的处理，造成了“看它有用，不看不碍”的舒适轻松的效果，没有宫廷艺术咄咄逼人之感，这种性格也就是苏州人的典型性格，含蓄文雅。正如《考工记》所说：“天有时，地有气，材有美，工有巧，合此四者，然后可以为良。”苏州式风格就是“天、地、材、工”四个字——得天独厚的自然地理条件，具有教养和文化素质的人，精细的材料与加工。这一点，在我们今天的设计创作实践中，往往被忽视，这是值得注意的。

在色彩上，江南民居给人的印象，好像是在青山绿水翠木之间跳跃着一群喜鹊，乌瓦粉墙灰砖石及檐部向上的建筑立面投影富有活泼的起飞感，力量刚健。本来深色的屋面及檐口压在浅淡的墙面上，必然产生沉重的感觉，但这一问题被昂起的马头墙及起飞的屋面戗角与脊吻这动态的舒展美解决了，强烈的对比色提起了建筑的精神，黑白对照增加了各自的强度，具有特殊的美感。苏州建筑色彩以无彩色系为主，注意色彩配列、色彩的倾向性及个性，调色如苏式烹饪的调理一样耐人寻味，沉着而不用原色，在这舒展于黑色和白色之间的灰色领域，宛如在明和暗之间跳动和燃烧着一个珍奇的色彩世界。

自然界的美是与真和善紧密联系在一起的，它不可能脱离人的功利要求而独立存在，即使是形式美，也对人的视觉情绪有益。人是按照美的规律创造世界的，现代工业美学认为，美观可以提高生产力，工业仪表的悦目直接优化操纵人员的情绪和效率。人们长期在经过美化的环境里工作和劳动，不仅有益于身心健康，而且会潜移默化地受到美的熏陶和教益，提高精神文明的修养。对于城市建筑的形式美，我们要进行科学的分析。

道路 有人说，苏州的大街小巷都得改成柏油路，这自然是出于好意，但是，我认为，对任何现实的变革不可以一门心思，顾此失彼。在古城区拓宽马路，并不是改善城市交通面貌的唯一途径。对车辆严加管理和限制，严禁在里弄小巷居民区建造重型工厂，禁止过境车穿越市区等，这些综合措施都有利于路面和市容的建设，主干道环城马路、游览专线，可按现代交通工具的要求进行拓宽和改善，但对小街小巷、游览区通道的改造须特别慎重，马路的宽度与路面的构造形式是跟沿街建筑的高度、长度、体量成正比的。马路宽敞、行车迅速、建筑立面成大的流线体型是谐调的。如果沿大街的建筑矮小，零乱而不规整，又缺乏足够的分量，那么跟坐在火车内望见窗外闪掠而过的树木电杆一样晃眼。设计构思中的人民路十大建筑的体量应与马路协调，小体量的房子如果全是柏油路小巷，骑车疾驰及门户进出都很不安全。旅游是让人信步浏览的，逛山就是要逛麻烦，该步行的地方就是要让人步行，长毯一般的弹石路面（不是现在那种随意铺设的毛石）清洁而且可以限制车速，它呈现着一种朴实的自然趣味和地方风情，欧洲一些古老的现代化城市还有意地铺设这类路面。从环境设计的角度来看，地（路）面、墙壁、建筑轮廓、树木投影与天空，形成街景，它们之间特定的对比关系也是构成风格的因素，如果孤立地抽去其中的一个方面，则有可能失去平衡。对小街小巷的改造应当整体地全面考虑，至于行车时的颠簸问题，主要是路面的施工质量和管理不善所造成的，园林中的石径和铺地对庭园气氛的渲染起着重大作用，小街小巷的弹石路面是形成城市风格特色不可忽视的一部分。如果将苏州比作一个园林城，那么，小街小巷不是跟园林里的花径一样的吗！

河与桥　市河小桥是苏州城市面貌最显著的特色，无论平桥还是拱桥，都反映着历代科技和文化成就，石桥飞越河面水上空间的姿态十分优美。凡是来苏州旅游、写生、摄影或拍电影的，几乎没有一个不对市河小桥怀有浓厚的兴趣。造一座桥、挖一条河要付出很大的代价，在弄清为什么要挖河造桥之前，千万不可随意填河拆桥，对临顿路沿河房子的拆除，其事实和后果，深刻地说明了对河与桥的认识是多么的重要。

我们千万不可忘记：建筑、河道、小巷与人，这四者本来是有比例关系的。人是建筑尺度及空间体量的基本模数。河道夹在上、下滩沿岸房子之间，船行其中，富有峡谷行舟的壮观，这也属于“小中见大”的手法，饶有情味。如果房子拆了，马路宽了，相对地，可见河道窄了，变成一条缝沟，“人家尽枕河”的特色和诗意也就没有了。在沿河种花，建造河滨花园，要看具体环境、适得其所，否则，江边绿地的形式是其他城市普遍都有的，干吗丢了自己的绝技去模仿人家的惯技呢！这真是不可思议的事。而更重要的是，苏州的市河不是灌溉渠，也不是水坝，它是水街，中国苏州与意大利威尼斯的共同点，从内容上说是都有发达的民间文化，从形式上看，正是水街。沿街靠河的建筑属于商业建筑，俗称“买卖街”。建筑的正面是沿街立面，背面就是一个沿河立面，都要开门户、筑河埠沟通上下的。我们不能离开了河道的功能，丢掉这些所以然，“盲”乎所以。

建筑 我认为苏州应开辟新城区，历史上，隋代曾经作过这样的尝试，没有成功，但现在具备这样的条件，新区可以向南部及西南部太湖之滨延伸，而旧城区的城市轮廓应当保持宋“平江图”的规模。同时，疏散旧城区的人口和工厂，这个方针似乎只适用于苏州，对其他城市没有普遍意义。

我们必须慎重地保留民居，苏州民居是园林建筑之母，我参加过多次古代建筑遗址的发掘工作，以考古学的实物和遗存作为科学根据，可以深刻地证明这一点。民居是民间的工艺产物，她在最基层，又最普及，最能反映生活的面貌与方式，她看来淳朴简单，但高明的建筑师从来不敢轻视。目前对待民居的态度也就像一般人对待民间艺术一样，认为是“土”的，既不懂，又要去“改”，于是很多可贵的东西再也没有了。一条临顿路沿街民居的二层窗下，两年前有木装修裙板及花边一百余条(块)，现在毁了一半。前年，我还发现一块明代砖刻砌在人家鸡窝上。

看不起民居，实际上是不了解民居。一般人认为，目前所见的民居拥挤不堪，阴暗潮湿，破破烂烂，不错，那是事实。但这种状况并不是民居的本质：摩天大楼是一种建筑形式，我们毫无必要去贬低它；而苏式庭园民居是另一种建筑形式，它甚至被贝聿铭先生誉为中国民族建筑的精华。在建筑史的长廊中，彼此都是平等的。不可否认，旧民居是有缺点，对其材料设施也可以更新，但我们不能因此嫌弃旧式民居，而应将其好的风格学过来，传下去。

我们的先辈在利用自然创造理想的空间和居住环境方面卓有成就。苏州民居的设计手法，既有其独特的艺术风格上的追求，又有符合生活科学的理由。杨廷宝先生说过：“有些东西是自然存在几百年的事情。它既然能够流传下来，说明多少还具有一定的生命力，否则当时就会淘汰，对这些不宜轻举妄动，必欲动的话，也须经科学研究，不然会有意想不到的后果。”风格也是经过长期的历史考验而来的，持以这种科学的客观态度，那就便于我们探明种种原因及所以然。比如，江南民居的小青瓦坡屋面，是为了适应江南多雨的排水要求，屋瓦铺盖的形式是气候条件决定的，而北方农村屋面的柴泥炉渣石灰拍打的胶结形式，也是当地温差变化及排水防漏功能的气候条件所决定，各有特色生成的原因。

在今后保留特色或创新设计时，就不能忽视这些。又比如，乌瓦的色彩是在江南蓝天因大气含水雾多而偏淡的情况下，为了加深建筑轮廓，也是为了承灰和清洁，为了衬托白墙，通过对比加强精神。再比如，白灰粉墙是为了明朗舒适，反射热量或光度，为了干燥和防虫，为了在朴实中求华丽。“粉墙为纸，以石为绘。”其实还可以“绘”花草或阴影。投射在白墙上的阴影色彩丰富，层次微妙，这种含蓄的色彩意趣无穷，它陶冶人们的性情和修养，使人敏锐起来。还有，用冷、暖灰调子的花岗石或青石铺地和勒脚，是为了感觉上的沉着稳定，为了防止墙基受潮，避免粉墙受雨水尘土沾污，为了防滑，等等。至于庭园绿化，无疑是自然的延伸，让封闭的院落住宅打破沉闷。其他如深长的“避弄”从曲折狭小而阴暗的小空间过渡到豁然开朗的大空间，不光有艺术趣味上的意匠，也跟生活方式、社会习俗及市河街坊的平面设计布局有关，这些都值得我们仔细琢磨推敲。

四、传统·现代化·倾向

现代世界的生活是极为丰富和复杂的，科学技术的飞速发展开拓了人的精神世界，并且使我们学习全人类所有创作设计经验成为可能，让外国的科技和艺术表现手法融入中国传统的长河，这是符合逻辑的发展。什么是传统呢？传统是一条有生命的长河，她像长江黄河那样，正是沿途不断有新的支流汇入，才更深、更宽、更汹涌澎湃地奔腾入海。古希腊哲学家赫拉克利特认为，“人不能两次进入同一条河流”。传统是发展变化的，并且在不断吸取新的营养，继承传统不是为了复古，而是为了创造。我们可借用徐悲鸿先生的一句话概而述之：“古法之佳者守之，垂绝者继之。不佳者改之，未足者增之，西方可采纳者融之。”

人类发展到今天这样的时代，我们的考虑已经不能再单纯地从个别国家和民族出发，而应该把世界作为一个不可分割的整体来看待。包括建筑在内的艺术是人类的共同财富。“过去那种地方的和民族的自给自足和闭关自守状态，被各民族的各方面的互相往来和互相依赖所代替了。物质的生产是如此，精神的生产也是如此，各民族的精神产品成了公共的财产，民族的片面性和局限性日益成为不可能。”①建筑艺术连同它的风格，不光是社会审美教育的工具，而且是时代精神的表现，它在向一个更广泛的范围发展。但这并不意味着我们要放

① 马克思、恩格斯：《共产党宣言》。

弃自己民族的特色，相反，我们更应发展自己民族的时代艺术，将其发展到一个前所未有的更高水平。我们正在走向统一，但统一不等于取消多样化，正是多样化的发展才促成高度的统一。统一不过是不断向先进靠拢的过程，它是没有终极的。我们所应放弃的是旧时代遗留下来的那种狭隘的、片面的观念和影响，在现代世界先进文化的基础上，创造更为合理公正、繁荣的新文化。这种新文化是时代的、世界的，也是民族的。而苏州作为旅游城市，就应当是与众不同的、富有民族特色的现代化的世界文化历史名城，这就是我们对传统与现代化的完整的观点。

不过，我们的创作实践并未能完整地实现这样的设计思想。火车站的设计如今的模样有如"百家衣"，还有待于努力学习。由于长期的封建意识在人们习惯中已经根深蒂固，再加上十年浩劫所造成的严重"后遗症"，倾向的冲击波严重地干扰我们稳步前进，这种危害，我们也只好让历史来说话。在提倡"民族形式"的年代，食堂和厕所都盖"大屋顶"，在批判"大屋顶"时，连从事古建也认为是一个没有前途的职业；在进行现代化建设的最近，竟然有人将民族建筑遗产视为垃圾。法国著名的艺术理论家丹纳说过一段话：每个人在趣味方面的缺陷，由别人的不同的趣味加以补足，许多成见在互相冲突之下获得平衡，这种连续相互的补充逐渐使最后的意见更接近于事实。各趋极端也是暂时的，最后会归于一致，得出相当客观的结论。何况一个时代之后还有别的时代，把悬案重新审查，倘若有所修正，便是彻底的修正；倘若加以证实便是有力的证实，即使各时代的思想感情都有局限性……分歧的见解互相纠正，摇摆的观点互相抵消后会渐渐趋于固定、确实，得出一个相当可靠合理的意见，使我们很有根据很有信心地接受①。

在风格问题上，极端倾向的干扰是不可避免的，但是，只要我们把握住根本，用全面的文化历史观点来坚定自己的立场，就不会卷入错误倾向的愚昧纷争，我觉得这是任何一个有所作为的民族能够不受外人愚弄而创造具有独特风格的先进文化的条件。

---

① [法]丹纳：《艺术哲学》第3－4页，傅雷译，人民文学出版社，1963年版。

五、结论

1. 要有特色。有特色才有今日苏州的国际地位与影响，这是自己的优势，千万不可丢失自己的特色与优势去参加别人擅长的竞赛，不要像栖霞山上那个和尚那样干蠢事，好心办坏事是没有文化的可怜结局。旅游城市搞化工是荒唐的，就像让绣花娘子去打铁一样。看历史的苏州是如何繁荣的，就如何历史地去继续发展，建设新苏州。

2. 要踏踏实实地干起来，为科研设计人员提供项目和课题，还有设计思想上的支持、鼓励和条件上的方便。不虚张声势，也不怕反复，探索总免不了要付出代价，失败了也不能互相埋怨，可以总结经验。

3. 要广泛地普及全民的社会审美教育，对建筑风格的理解与实践是衡量一个旅游城市文化水平的标志。旅游城市市民普遍的文化素养都会通过旅游活动感染给游客。苏州的规划与建设者、干部与群众，如果缺乏对建筑美学及文化共同的认识基础，那就很难步调一致。

上述体会很不完善，欢迎批评指教。

1981 年 9 月 8 日于苏州建委

人间“天堂”新驿站

——苏州火车站改造工程设计札记

从1979年春天至今，在这三年多的时间里，我有幸参与了一项大型公共建筑——苏州铁路客站改造工程的建设，并经历了从设计到施工的全过程，这确是一次生平难得的珍贵的机会。该工程是古城苏州自清末建站以来第三代站屋重新扩建改造工程。关于工程设计及建设规模的概况，已公示于世。如今，正值工程即将通过竣工验收，准备全面交付启用之际，作为设计并持续在工地直至最后撤离的驻场代表和对一系列工作环节有过基本接触的人员，笔者特别意识到，对此关系着城市发展运行中起枢纽作用的重点工程，似应认真作一番关于设计创作与工程实践的回顾，或许正是这一段平凡而又不寻常的体验，将会对今后的业务提供些有益的启发。这里仅就印象深刻的先前往事，集中概略地留下几则值得怀念的记忆，聊作后事之师。

一、领导的重视和关怀，全社会的热情关注和有关部门的鼎力相助，能够化解困难

原有的老车站已跨越了新、旧两个时代，历经七十多年时光、风雨和世事沧桑，虽经历年不断零星地修缮补扩，但毕竟在建筑规模、运行机制、装备设施和物质形态等方面均已陈旧落后，难以适应时代交通与经济发展之需，经多次专家论证，为配合国家建设大局与城市总体规划要求，决定在原址建设新车站。由于苏州的自然地理、经济文化和观光旅游等方面，都具有独特的地位和影响，因此要求新站屋应配合铁道部上海铁路局由苏州自行设计建造。于是，该工程被立为市政府生产建设指挥部直接领导的重点项目，专门组织建设指挥办公室，具体指导工程的进行。

给人印象殊深的是，与工程相关各方，从规划、市政、建筑设计和施工、安装等主体行业，还包括供电、给水、设备、建材，到各有关高等院校、科研院所和市级行政、宣传及卫生等重要部门，均大力协同，及时切实地组织了强有力的专职队伍，得力地提供了全面的支持和帮助。三年来，见诸新闻报道的许多感人事迹，让我彻心体悟到：任何一件难事，都是依靠着众人的助力才可获成功；没有一件小事，不是凭着个人的借力才得以奏效的。而最感动大家的是，在工程前期的设计阶段，市长亲自在深夜对“挑灯夜战”着的设计人员进行家访，此等感人事例，领导对工程建设的重视与关怀程度不言而喻。

二、在工作环境的组织协调和适应中，处理人际关系的艺术特别重要

大家都是“为了一个共同目的”才“走到一起来的”，本工程担任建筑设计的有胡渊、莫永彦和我三人，他们二位都是年长于我的老工程师，经验丰富，自信心也强，在讨论问题时经常发生争执。但我发现，其实并无原则分歧，只是个性和习惯使然，对我来说，倒是起着启发性的提示作用，只要妥善运筹矛盾，促发自主思辨的协调能力，在貌似对立的比较中，将不同的倾向靠成一个“人”字形，再加上我折中的支撑，就能形成如“三枪”结构的稳定架立。说到底，无非是让我再动手综合一遍而已。相互坦诚的感化之心，由和而不同的动态势能归于“太极图”那般相对向心的永恒趋同之中。毕竟，对立的统一才是辩证地发展成功的必由之路。我们正所谓“三个臭皮匠，抵得一个诸葛亮”，大家合作得畅快而且高效。经过几个回合的交流，我们共同发现，彼此都不约而同地秉持着一个共识，那就是认识到每做一个工程，并不仅仅是我们可以随心所欲地去支配一个项目的物质构成，实际上，我们也正在被所接受项目考验着人格意志的构成。这个“人间天堂”的驿站工程到底是什么？“天堂”在宗教意义上的信仰且不谈，而在人类现实意义上，引用《辞海》中的解释，即指“幸福美好的生活环境”，是指一个文明安宁的理想世界。我们要打造一座体现天堂城市形象的大门，闪现着城市灵魂的窗口，则首先须得建树起设计者自己的人格信念，而诚信和谦让则是这种信念的最高境界。在我们的设计过程中，始终坚持恪守着这样的准则。记得今年年初时，应宣传部门之约，须要提供一篇稿子，介绍本工程设计，我们经讨论合拟了一份八百多字的简介，但谁都不愿意署名，最后，由莫工送去报社，编辑部要求署名，他才万不得已将自己的名字签在最后。又早在去

年的10月12日，我们即着手将工程拟就一份设计实例，定稿时也是为了署名先后的事推让不休，结果，由设计院领导以单位名义，送《建筑学报》发表。谁也不计较名分，至于利益，那就更不在乎了。在这种朴实纯真的工作环境中，才有时间和精力专心去做一些正经的学问。

三、建筑创作的自由度、事业的发展前途与所在环境的整体素质和学术气氛有极大关系

在酝酿古城“天堂”誉称的浪漫诗意时，我想起曾经在北京圆明园东南相邻的绮春园里见过一个“仙人承露”的名胜遗迹。构思中，由此联想到仙人挺立高处，托举园盘承接天赐甘露的形态，有沟通天地遥相感应的“天人合一”之寓意，这跟苏州天堂驿站有点儿象征性的关联。若在建筑形体塑造的推敲中，能概括、提炼成一个承接天赐生命之水的倒锥式四角方斗造型，或呈倒拱形“拥抱”天空势态的几何形体，着意于天人亲密相融的匠心，作为本设计的基本造型元素，琢磨一下，似乎可隐喻一种独特、微妙而含蓄的创意。记得当初，在方案设计阶段，我们曾带着包括该案在内的全部方案，前往上海某设计大院征求过意见。上海的同行们热情地提供了不少宝贵的建议，而唯独对这张效果图不置可否，只是照了一张相。事后有老同学告诉我说，这张方案很有意思，但在你们小地方没有用，因为在一般的环境中，没有开拓性的大师出来扶持、举荐或培育，缺乏适宜的气候、土壤和创作环境，就难以促进有待于发育成长的小苗，倒是很容易被人当种子拿去播种了。那是常有的事，不足以遗憾，我想，只须不断加强对每个原创的构思，继续深入且抓住机会去努力发挥就是了。能想到的人很多，但要能做到则很难。

四、站到工程建设的总体立场上并参与运行全程的实践，似能享受到那种超越功利的纯真乐趣

我们可说是遭遇到无数的困难，其中有业务能力、物质条件、现实环境等方面的种种麻烦和阻力。如果认为凭着想象与手脑所能完成的图纸就能付诸实施，那就太幼稚了。其实，设计文件只能达到“纸上谈兵”的程度，对于这种功能较为复杂又非常规的大型公共建筑来说，一般的设计深度是远远不能满足施工的现实要求的，因为有许多细节是人理和物理的结合，须要付出加倍的精力和时间代价去应对。

在随后的施工图设计中，我们做了大量的工作，而且包括全部与结构以及设备工程紧密配合的装修设计。对于建筑体型的组织，还先制作了一个能剖视内外空间的有机玻璃可分解模型，以供落实到具体构节组合的系统表达。设计着重借鉴了园林建筑的艺术精华，整体外墙花岗石勒脚以上，一色月白贴面墙体，深绿色外挑盝顶檐口，正立面通过雨廊与主体站屋之间的分割，构成了大小不等的院落。在东、西候车厅尽端也布置有假山、花径和四季树种的内庭。出站及迎客廊中，还可见到苏州传统的漏窗、洞门及"吴王靠"等建筑小品点缀或穿插其间，借以丰富了室内外空间的层次。车站广场及周边环境均做了富有园林特色的陪衬（见图1）。

图1

五、随着时代的发展，工程建设的深度已从土建精细到装修

与室外环境相呼应的是室内空间关于"天堂"气氛的烘染与装饰性的艺术处理。交通客运场站这类公共建筑的设计要求，除了一切以运行功能的尽致发挥为首要满足之外，让旅客出行方便、简捷及安全畅顺的原则，乃是实现对人的旅游情绪无微不至的关怀。不可忽视的还有须要保持室内光线的充足与明亮，且绝对排除眩光从任何角度对人眼的刺激性干扰。设计中尽量避免容易影响人流通行或疏散的障碍，杜绝一切有可能导致意外冲撞、磕绊伤害的细节以及形体表面各类应予预防的潜在隐患。在保障安全的基础上，发挥装饰艺术点引空间主题的魅力。

车站入口广厅是建筑主体的中心枢纽，广厅平顶对于大厅环境具有营造气势的笼罩性。为实现地方风格特色与现代气息的完美统一，我们借鉴了全国各大火车站的设计经验，并根据苏州地方文化的鲜明特点，作了多种方案的比较，最后确定了一个创意图案，即将整个吊平顶做成既统一又有变化的大平面小起伏的矩形适合纹样（见图 2），灯具采用五组对称的悬浮式立体棱晶片组合灯块。为着意造就光感所形成的优美意境，借取了唐代诗人苏味道的诗意“火树银花合，星桥铁锁开”，赋予灿烂辉煌的灯火以富有浓厚生活气息的灯花之亲和形象，那道道挺展的钢叉栅上，乳白色玻璃灯块中透映出的暖色光晕象征着火树，那朵朵方形棱晶片灯块中散射出的荧光恰似银花，与平顶底面镶嵌着的六十盏金黄色的满天星交织一起，组成一幅大气挺秀之“人间天堂”明朗的天幕：“火树银花映繁星”。入夜，当车站控制室发出指令，六道电气回路的灯具可按预定程序相继显示出六组层次递进的光图案，由弱到强，步步渐入佳境，每一步在天幕上所焕发的光环境，都呈现出不同层次的境界，最后达到热烈的高潮。当华灯齐明，普照广厅，灯光映射着大厅正中对景墙面上色彩素雅的、面积为 21 米 ×6 米（b×h）的丙烯壁画《人间天堂》（由画家陈国樑创作）：江南水乡的古典园林；小桥流水的枕河人家；春船满载的丝绸绮罗；吴侬软语的评弹渔歌；歌舞升平的天堂美景……浓郁的姑苏情调，令人流连、神往！南来北往的旅客沐浴在这一派洋溢着热烈而欢欣气息的光潮之中，绚丽的灯光照耀着过往旅客行将开始的旅途，也照亮了人们创造美好生活的锦绣前程（见图 3）。

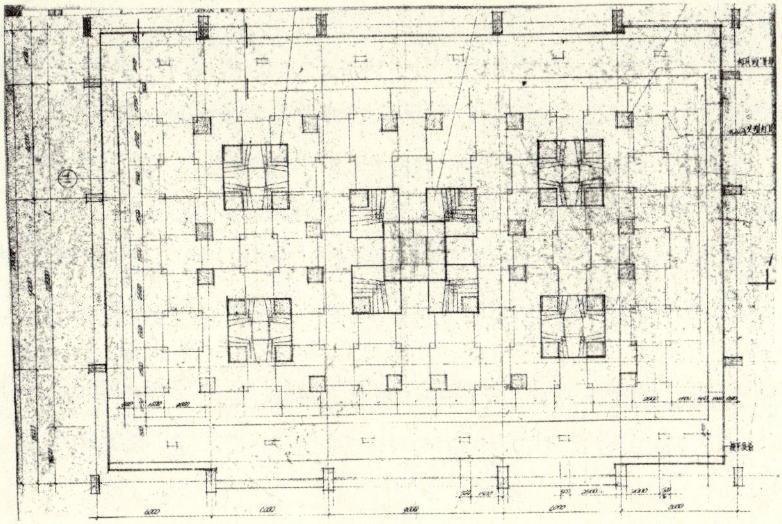

图 2

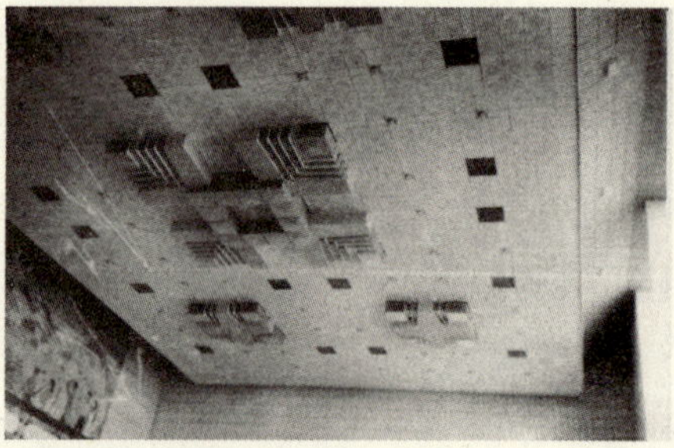

图3

在广厅西部的上行候车厅(以下称西厅)里,上部的吊平顶呈横向成排布置(见图4),与广厅相通的出入口上方,设计布置了一幅10.8米×3.6米(b×h),由诸葛恺创作的石膏镶嵌壁画《工艺之都》。朝西望去,面对西庭园通道上方的位置,设计留有18米×5.4米(b×h)的壁面,由邱光正创作一幅丙烯壁画《寒山秋韵》。广厅以东为下行候车厅(以下称东厅),面积与西厅相同,上部吊顶设计与西厅基本相似,仅材料色彩与西厅有微妙的冷暖之别。在该厅通向广厅的出入口上方壁面,也设计预留一片与西厅同样尺度的墙面,墙面上是由史林创作的一幅跟西厅相同长宽的石膏镶嵌壁画《丝绸之乡》(见图5)。向东望去,在紧靠东庭园通道上方,是由吴云发创作的、与西厅相应尺度的丙烯壁画《太湖春晓》。另由画家施启伟为母婴候车室创作了多幅儿童题材的装饰壁画。包括壁画在内的装饰装修工程,从图案到形体、线脚等,均尽显苏式风络的基本效果,能满足设计所追求的目的:完成了的这座体现城市文化之个性特色的新建筑,不仅焕发出古城迈进新时代的生命活力,而且是显示“天堂”形象和气质的门户与情景窗口。

图 4

图 5

此外，有关建筑物理性能方面，如音响等各类设备功能效果的测试与调试，还有工程质量检验后必要的整改与扫尾工作，尚在紧张进行之中。这几天，上级部门已经派出一批又一批的专家，前来认真鉴评各项工程质量的细节。

为了迎接新的设计任务，我将撤离工地。历经群策群力奋战了近三年的工程，接近全面告竣，留下来的是接受人民群众的检视、社会的鉴定和历史的考验。

1982 年 3 月 12 日草于车站工地现场办公室

忠实于本土文化

——全国首届室内设计学术交流会交流论文

随着社会主义精神文明事业的发展，环境对于人民生活的深远影响日益受到重视。有效地利用各种手段去构成理想的人居环境，已成为当代建筑师历史性的职责。人们本来是按照美的规律来塑造物体的，人化了的自然界是美的源泉，环境美化不仅使人的精神得到充实、丰富和调剂，而且还启迪着人们不断获得探索生活的新灵感，激励着每一个人去创造理想的未来。

世界是一个多样与统一无限循环上升着的运动体。不管这个空间体系是多么复杂，然而，统一与多样互为前提的辩证关系却是十分明白的。片面地强调统一的世界性，削弱各自多样的地方性，或者孤立地鼓吹“民族形式”而排斥所谓“国际式”，厚此薄彼，实际上是破坏了互为依存的彼此，即整体。历来多少流派，围绕着这些倾向争执不休。我们认为，厚此才能厚彼，厚彼也未必薄此，关键在于，厚的是哪些具体的东西。因为在被彼此认为是有抵触的对立面中，存在着不抵触的共同点；而在同立面中，也存在着不同点。只有在相对统一的基础上，力促多样化的发展，扬长避短，互相补充，实现新的高度上的再统一，循环上升，才能取得进步。

但是，任何创作都必须落实到每一个具体的时空中，在一定的条件下展开。不管是土生土长的，还是移植而来的，都要有“根”，都要适应环境。这一客观前提就决定了室内设计必须扎根于当地环境的生活土壤，必须忠实于地方、民间的本土文化。一个国家、地区和民族在社会历史实践中创造的物质与精神文明，反映着社会发展一定阶段上的技术进步、生产经验与劳动技能，反映着在教育、科学、艺术和与之相适应的设施方面所达到的水平。而室内设计即上述种种水平的社会文化最具体形象的表现，它不能没有鲜明的地方特色与倾向性。然而，这种特性，或者说是个性，又不是与共性相排斥的。事实上，世界先进文化正是各民族优秀文化的总和。不难看出,如果没有对所在地方文化的认识与理解,没有对当地环境的体验,而凭空遐想或生搬硬套,这样的东西既不具备地方文明的典型意义,更谈不上对世界的贡献。当然,学习国外室内设计的经验,对我们来说是十分必要的,但是,一味追求"洋派",套用"洋货",这称不上是学习。学习,是指对取得先进成就的方法与道路的研究,是对创作实践过程主动的借鉴。应当指出,构成文化主体的根基仍然不能脱离自己固有的传统文化。

中华民族五千年古老文明为世界积累了创造人类生活环境的丰富经验,是民族文化遗产极其珍贵的一部分,我们应认真地发掘、清理、继承和发扬。要"保护和发展社会的遗产,为社会创造新的形式并保持文化发展的连续性"①,科学地运用传统的创作规律来启发建筑的室内设计构思。

天·地·材·工

从根本上说,"广义的室内设计应包括建筑空间设计在内的全部室内设计","是完成建筑艺术总体的重要手段"②。由于室内设计的综合性很强,不仅与土木建筑、工艺美术具有密切联系,而且涉及社会学、心理学、生理学、材料工艺学、设备工艺学、人体工学等专业领域,须要根据建筑环境的主题、性格和功能,统筹上述各方面的关系。我们在江南民居及园林中发现,作为自然与文化景观的结合体,园林意境的形成正是通过室内环境设计将上述各类专业作了全面的综合。而其中,工艺美术创作规律的应用则起了重要的作用。

我国传统的工艺美术创作经常引用《周礼·考工记》中的一个卓越论点:"天有时,地有气,材有美,工有巧,合此四者,然后可以为良。"设计创作必须经得起自然、地理、材料及技术四个方面的考验。

自古以来,人类进行建筑的选址时十分重视对环境的利用。我们从新石器时代居住遗址的发掘中看到,村落及建筑的位置,大都处在依山傍水向阳的台地上。在取得通风、日照、用水等基本生活条件之后,古代人展开了与那个时代生产力相适应的室内设计活动,遗存中依然可见的"烧土面"就是整体的陶土地板,这可能是最原始的地面装修了,它平整、坚硬、干燥、美观,而且就地取材,施

① 《建筑师的华沙宣言》,《建筑学报》,1981年第9期,第70页。
② 潘昌侯:《室内设计》第25页,中央工艺美术学院编印,1978年6月。

工方便，“烧土面”在历史上符合“天时、地气、材美、工巧”的原则，是谓“合此四者”的室内设计。

人须要置身于有围护的、可以调节的环境条件下享受自然的恩赐。室内空间作为整个生活环境整体的一部分，我们不能仅仅孤立地考虑对分割或构成空间的那几块壁面的单纯处理。大自然是人类的母亲，人虽然置身于室内，但毕竟不能脱离自然的抚爱，人必须向自然去觅取生命的能源。从实的方面讲，门窗及一切管道设施是人向自然觅取日光、空气、净水的摄生口；从虚的方面讲，人须得通过对来自室外自然环境中的“天时”、“地气”因素，比如清风、光影、物象、色彩、温度与音响等感受来满足生理与心理的需求。这些因素的取得，一方面依靠对自然景象的直接摄入，包括借景中的天光云彩、山川姿色、石形树态等视感的作用，以及对日月风雨、湿燥寒暑、山泉水声、鸟语虫鸣等体觉作用；另一方面，还要借室内装修与陈设以及内庭绿化，作为与外界环境发生联系的媒介物，以唤起人们对自然的感情联系。例如，窗套就是摄取室外自然画面的框子，而通过诗画楹联、花屏隔扇及壁挂陈设的点引，还可以渲染某种与室外自然景物甚至社会事物相呼应的情调，以求得人与外界的广泛联系。这种联系不管是在跟前还是很遥远，是“画外之意”还是“弦外之音”，是明确的还是含蓄的，即使是一丝一缕、一点一滴，只有与外界环境在心灵上沟通，室内的意境才富有生气和活力。

不仅如此，从人的需要出发，自然因素还必须是有节制、有分寸地进入室内空间予人享用的。室内设计的任务不光是主动沟通与外界的环境联系，而且还得主动调节这种联系的程度和分量，那就是须要借助于装修与装备。窗格、挂落、帷帘、平顶、墙面、地面、陈设以及水、电、暖、通风等设备，除了具有作用于人的体感之调节功能之外，还具有在自然与室内之间进行“隔”的艺术功能。用“隔”的手法保持彼此空间一定的现实与心理距离，能产生美感。以传统的装修挂落为例，它那与自然景物呼应的图案投影，不仅丰富了空间的层次，而且从室内看去，是远处景物进入室内的过渡（见图1）。但是，所谓“隔”，并非事实上的阻隔，相反，“隔”是将景物与现实拉开距离，甚至有意造就

图 1

可望而不可即之势，借以使平凡的实景非凡化。或者有意在大空间中组织小空间，以适应不同使用功能的实用与心理要求。

总之，室内设计要求充分考虑“天时”及“地气”因素，力求使客观环境与人的需要取得最大限度的相宜。如果背离这一原则，再现别人彼时彼地条件下的形式，那就欠妥了。例如：江南地区传统庭院普遍采用“围”、“透”结合的空间，是为了适应当地气候的四时变化；精细的水磨砖装修既有保温吸湿的功能，又富有装饰美的特征。

室内装饰在施工过程中，人的巧夺天工的技艺使廉价材料变得异乎寻常而具有高贵的价值。所以取材和加工，作为实现设计意图的重要手段，宜在设计中首先予以充分考虑，使“材美、工巧”浑然一体。“居室之制，贵精不贵丽”，材料不论贵贱，或特异之材，或废弃之材，皆以选用得当为精美。古典园林中的碎砖铺地可以组合成美丽的图案，废瓷砖拼贴的饰面并不比著名的宋瓷“百破碎”逊色（见图2）。而所谓巧思安排，一是力求物尽其用，尽善尽美地发挥材料本身固有的特性，尽量以材料的天然素质呈现，而不依赖于做作的辅助手段，让本质的美受到遮掩。二是以巧妙的设计手法力求事半功倍。室内设计通过装修、陈设及对环境强烈的渲染，使整个空间呈现华丽气氛（见图3）。

图2

图3

装修构件的多功能性，可对不同方向产生量的扩展作用，所谓正面“桃花浪”，背面“浪里梅”，“一家筑墙，二家好看”，“以一幻二”，达到以少胜多的意境。例如，花格的室外空间形象是玉叶，而它在水面的投影形象则似为池中水草(见图4),相映成趣,和而不同。

创造环境气氛的艺术效果要求作用于人们的心灵。环境所呈现的美不仅是感官所能概括的,也是一种在心灵深处起共鸣作用的精神美感。应当确认人在室内环境中的主角地位,促使环境诗化。诗化了的环境令人遐思无限,启发人对生活的热爱。这是室内设计创作"可以为良"的根本原因。

图4

文质相成

人们对于装饰的本质和意义往往是熟视无睹的。装饰是社会文明事业必不可少的重要内容。人的生产、生活和人本身都与装饰关系密切。讲究装饰体现着人类的进步与尊严,也是人们的共同要求。

古汉语中,"饰"与"饬"(整顿、使整齐之意)是通用的,装饰的实质是将材料进行造型、色彩与表面的归整处理。在这个广泛意义上说,人们终日奔忙的正是装饰世界,美化生活。当然,在室内设计中,毫无理由的堆砌,滥施装饰的现象确实存在,但这并不是本质与主流,不能因此而贬低装饰的价值。

为了说清楚这个问题,我们有必要从"文"与"质"的关系上谈起。

朱熹引孔子"绘事后素"一语注释说:"《考工记》曰:'绘画之事后素功。'谓先以粉地为质,而后施五彩,犹人有美质,然后可加文饰。"①对人而言,既要重视德行,也要讲究文采。室内设计既要朴实,又要文雅。片面强调质朴,不修边幅,则不免粗陋;而一味专务外观,不尚实际,则又落于俗套。过犹不及,必须处理好这两者的关系,保持"文"与"质"的相对适度,把握文质相成的原则。公共建筑特别是旅游性建筑,为了着意于性格的表现,似应以质为基调,须要较多地体现一些地方风味。在这方面,传统的民间艺术创作规律对室内设计具有借鉴意义。

民间艺术往往拙中见巧,豪爽有力,不矫揉造作,倾向于"质"的美,表现着

① [宋]朱熹:《四书章句集注》。

健康而富有生气的魅力与真情。室内设计如果能呈现地方的民间文化韵味,以其形式与风格上明显的传统性和地域性,赋予空间形象以鲜明的地方色彩,人们就可以从这种亲切而新颖的环境中,体会浓郁的乡土气息与古老文化传统之间的渊源关系,以实现旅游活动或文化交流所追求的目的。

民间艺术的传统并不是一成不变的,它本身在不断地发展着。我们所要借鉴的并不仅仅限于古典,更丰富的内容蕴于现代生活之中。这就必须有分析、有创造性的借鉴,创现代化之新。同样,现代化是相对于古代、近代而言的。现代室内设计绝不是"东施效颦",在材料和形式上依赖外国的成果。过分地应用昂贵材料,珠光宝气体现不了深刻的立意,金碧辉煌也难免流于浮文。"丹漆不文,白玉不雕,宝珠不饰,何也?质有余者,不受饰也。"①纹饰的华丽是一种美,但毕竟次于质地本色的表现。大理石具有质美的本色;混凝土骨料的外露也是一种质美;精工构筑的清水砖、叠石墙表里如一、气质清高。我们提倡运用优质地方传统材料创造出环境美,以唤起人们对中国、故土和乡情的眷恋,显示形式与思想的文采。因此,室内设计闪耀的不仅仅是物质,而且应当是思想的光华。

基于这样的认识,我们不再用昂贵的釉彩陶瓷,利用石膏板坚、轻、防火、耐蚀、吸湿及宜于加工成型等优点,在苏州新火车站候车厅作了石膏板镶嵌壁画的尝试。壁画《丝绸之乡》(见图5)以文质相成的观点,采用现代材料、传统手法,渲染候车厅浓厚的地方色彩。

图5

形式美的表现

运用形式美的规律,掌握造型法则的核心,在室内设计中最重要的是概括。室内环境美的实质不只是明确具体的现象,而是洋溢、烘托出来的朦胧宽泛的情调。所以,不应要求室内装饰艺术形象都如同绘画那样确实和限定,而是外在形式所烘托的气氛、情调在潜移默化的影响中作用于人的情思。"建筑艺术

---

① [汉]刘向:《说苑》卷第二十。

的表现任务不是具体地直接描绘和再现现实，而是巧妙地运用构思……创造一种比例尺度适合、符合构图原理和美学法则，并能充分体现功能性质和时代特点的艺术形式。”[①]同样，室内设计对现实生活的反映也不具有直接再现现象而对其本身进行描绘的性质。当然，这并不意味着完全排斥室内设计可以使建筑与装饰雕塑及装饰绘画相结合的可能性。

概括生活的极重要的方法就是变形。在变化了的形象中，形式的抽象美能够较大限度地使人的神思自由伸展。例如，墙面装饰壁纸的色块和纹饰，过于具象的并不如略为抽象的内容丰富，过于明确醒目的倒不如含蓄隐伏的更耐人寻味。“抽象的形态也同样具有感情效果，那是因为人们在感受形式美时，往往也离不开理想化的联想。”[②]各种事物都有它自己的局限，动态艺术造型可以是如实的表现，而静态艺术造型如果过于具体和写实，那么，它的功能则宜受局限，给人的感觉也十分单调，因为没有思想回旋的余地而缺乏生动的活力。同样，忽视室内装饰艺术固有的特性，一味强调具体形象的惟妙惟肖，实际上是苍白无力的。

但是，概括和变形需要在“得体”上斟酌，因为不合情理的、缺乏表现力的“变形”和“概括”只不过是儿戏。室内设计形象思维的准确性源于对空间构成的理解及其概括造型的能力。江南民居及园林的室内处理，多是“看它有用，不看不碍”的。“那门栏窗槅，皆是细雕新鲜花样，并无朱粉涂饰，一色水磨群墙……雪白粉墙，下面虎皮石随势砌去，果然不落富丽俗套。”[③]这种变化在统一中，丰富在单纯里，看似杂乱却有章法，呈现出一种品格特性，给人最初的印象并不突出，但是往往会给人投射过来一种如同“谜”一样的吸引力，而当你用心观察，看透了，就会像揭开了一个包袱似的趣味无穷。当然，室内设计并非追求单纯的形式趣味，而是要通过形式的美感体现某种深远的立意。

传统室内设计的这种手法，就是我国古典美学中所称的“白贲”。“贲”，本来就是斑斓华彩满布。但物极必反，“饰极反素”，形成了“绚烂之极，归于平淡”的白贲境界。故宫的建筑彩画，江南园林的画栋雕梁，大效果似乎是含糊一片，但仔细观察则是丰富无穷的。这正是体现了这种装饰艺术的最高境界——返璞归真。

---

① 奚小彭：《建筑装饰概论》第 8 页，中央工艺美术学院编印，1963 年 7 月。

② 辛华泉：《立体构成》第 4 页，中央工艺美术学院编印，1981 年 5 月。

③ [清]曹雪芹、高鹗：《红楼梦》第十七回。

形式美的感觉能给人以丰富的联想和启示，通过环境可以对人的智能发挥影响。开展精神文明建设，普及社会审美教育，室内环境设计是一个重要的领域。

综上所述，我们主张在学习国外先进科技文化的同时，重视对本地区、本民族乡土环境的分析，提倡对传统艺术规律的探索以及在新的历史条件下的实践。人类发展到今天这样的时代，随着世界性的文化交流不断扩大，“各民族的精神产品成了公共的财产，民族的片面性和局限性日益成为不可能”。但这并不意味着要抛弃固有的地方文化，相反应当更加努力地把本民族、本地区的文化发展到一个前所未有的水平，以新的多样化进一步实现更高阶段上的统一，为促进人类世界的不断繁荣进步而做出贡献。

原载建设部全国室内设计学术交流会专刊《室内设计论丛》1983 年 7 月版

我国传统室内设计创作思想新论

人类对于生存空间的探索，正随着现代科技日新月异的进步而不断深化。在环境工程领域，室内设计的功能效益从根本上关系到人类精神能源的充分开发，从而导致生产力的起飞以及对于社会发展的促进。在智能开发过程中，室内设计所创造的空间语言、所传递的环境信息是引发人们启动情绪的火花；所创造的空间是酝酿思想的温床。如果说，一定的时势环境可以造就一代英雄智儿，那么，一定的室内空间也正是孕育人类创造智能的某一个力量的场。室内空间所呈现的艺术效果和魅力源自精辟的设计构思。深入探究人与室内空间信息的感应关系，控制、调节这种感应与被感应的效率，则是室内设计创作研究所应追求的实质。

当前，席卷世界的"新技术革命"浪潮波及正在努力从事现代化建设的中国。历史表明，每个国家、地区和民族走向文明进步往往是殊途同归的，当代也是这样。世界大洋上所泛起的风云之波在各条海湾之间所掀起的浪花则按具体情况之不同而相异。

现代化的春风吹绿了祖国文明古老的大地。中华民族的灿烂文化就像根深叶茂的牡丹，"天香国色"，凝聚着传统文明所有高贵的精英。从历史的高度俯瞰，近日的牡丹是历史的牡丹在当代的继续。自从唐人将木芍药培育成"花王"牡丹以来，不断改良的道路始终是沿着纵向继承的轴系发展前进着，即使是从"番邦"引进的优枝，也得嫁接到本土文化的枝干上。不能指望一切依靠横向移植，未经化合就能买来自己文化的真正繁荣。

中华民族五千年古老文明为世界积累了关于优化人类生存环境的丰富经验。这些经验，作为民族文化遗产极其珍贵的一部分，值得我们认真地继承，要

"保护和发展社会的遗产,为社会创造新的形式并保持文化发展的连续性"①。但是,所谓遗产并非全是优良的传统。我国历史悠久,金玉泥沙混杂一片,难免有许多室内设计的历史精华埋没沙海,也确有一些封建愚昧的糟粕弥漫人间。为繁荣中国现代化的室内设计创作,必须逐步地对有价值的历史遗产进行科学的淘洗和清理,进行推陈出新的实践。接受以往的经验教训,对于这种实践,我们应取十分慎重的态度,应有全面深刻的认识与理解,正本清源,在固有文化坚实的基础上标新立异,高屋建瓴。将中国的室内设计事业继往开来,这是我们当代匠师应尽的历史责任。

室内时空观

"宇宙"是天地万物的总称,汉语"宇宙"一词系指居室之所。屋檐即"宇",栋梁称为"宙"。宇宙又是空间和时间的总称,"往古来今谓之宙,四方上下谓之宇"②。屋宇的形体构成了室内空间,而这个空间又是建立在栋梁的时间构架之上的。屋宇作为包容室内体量的界围,具有空间的概念;而栋梁则富有跨越、飞架及张罗之势,其伸展、抬举的动感及其室内空间得以成立并持之以久的性质具有时间的概念。因此,时与空两个间量是密不可分的。20 世纪初,德国著名物理学家闵可夫斯基关于"四维空间"的理论及随后出现的西方现代艺术流派,可以在东方的古代中国找到它的遥远的始祖。虽然它们之间也许并不存在直接的联系,但毕竟人类的思想可能是"心有灵犀一点通"的。

时间是一个永远流变着的量,而空间则是在流变的时间中展开的量,它貌似静止却运动。电影胶片记录了这样一个生动的事实:无数相对静止的空间形象在时间的作用下,通过连续叠现显示变化的过程,这就是一个活生生的空间。国外现代建筑所追求的"动势空间"亦即应顺时空规律而生。然而,关于室内空间有"往"有"来",有流变的观念,在我国则已确立了两千多年。

室内空间的展开可以转化为时间进程,空间造型的连续展示了时间的绵延,它体现着时间进程流动着的美。为了把握住时空形象的关系,我国历代常常借助于时间艺术——音乐的节奏美,并将其化入空间的形式。通过组织室内

---

① 《建筑师的华沙宣言》,《建筑学报》1981 年第 9 期。

② [西汉]刘安等:《淮南子·齐俗训》。

平面、形体与装饰构件及其光影色彩所构成的图案序列，以表现时空律动，使之与人的生理节奏如心律脉搏取得共鸣，从而诱发美感。传统室内壁画构图中常出现一些响亮色块，如白鸽翔鹤、飘带飞花，它们高低起落，跳跃起舞在画面空间，具顾盼情态，有背向姿态，如同五线谱中攀扶跌宕的音符（见图1）。如果把它们串起来，这种视觉上所形成的节律感确如一组旋律，甚至可以在室内空间中产生感觉共振，似“余音绕梁”，萦回于人的耳际心间。图2所示为江南某大戏台的穹隆罩顶，十八组连续排列、斜向出挑的昂头自上而下，由大而小，犹如朵朵浪花，层层波涛，沿着顺时针方向成旋涡状旋转不息，归向天极以至无穷。这组绝妙的立体图案有力地表现了无限升腾，化入时空的旋动。激转的涡线向心周旋直上天顶灭处，然后以一块圆镜收头封极，就像舞台上紧锣密鼓达到高潮之时，霎时停顿，“大音希声”，时空形象水乳交融，骤然升华，凝入了艺术的至高境界。“夫乐者，乐也。”①中国传统美学的核心思想“乐”统率着包括室内设计在内的整个艺术领域。任何室内空间的生命感，都来自“乐”的构思。

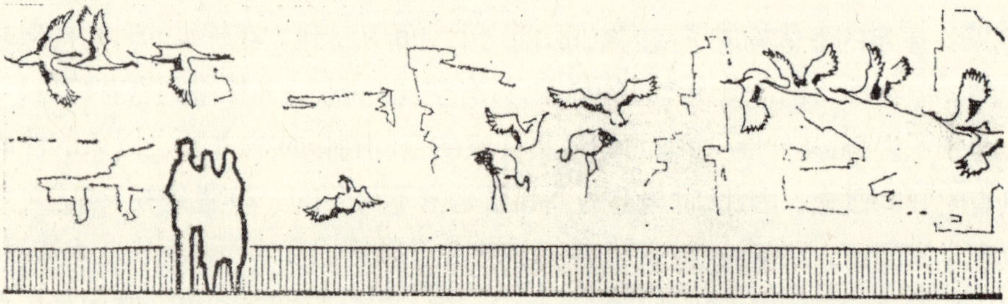

图1

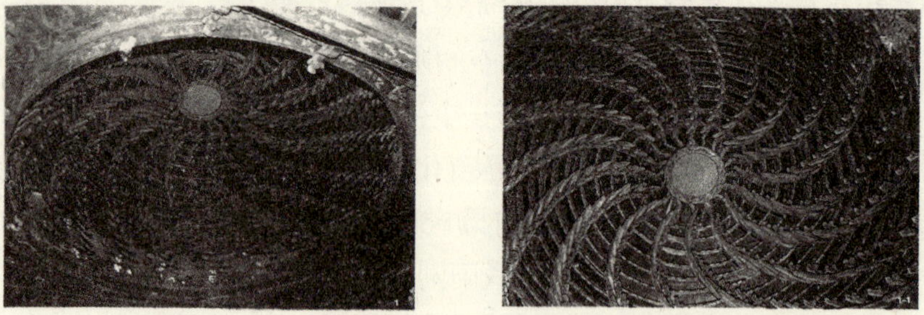

图2

传统的室内空间设计始终贯穿一个“变”字，强调有规律的变化。将“古往今来”的变异规律化，于是就出现了“冬去春来”。苏州园林中的鸳鸯厅就含有

① 《礼记·乐记》。

这种时空流变的意匠:屏扇纱槅、落地飞罩将厅室等分成前后两部分,南北梁架用料相异,但分隔处衔接自如。南半部宜于冬春,北半部宜于夏秋,南北景观可分别组织不同的时景。室内装修陈设梁架木构件除了圆、扁作不同之外,凡书画屏扇,匾额楹联,瓶插帷帘等亦均随时令而易。冬春意境挂设梅红笺对“岁朝清供”,夏秋意境悬置绫裱笺对“风荷消暑”。这里,实际上是运用了一组矛盾结构,十分成功地强调了对立面之间的渗透与协调,即在对立中求取和谐。前往后来,南往北来,古往今来,周而复始,循环往复,这是一种趣味。然而,从室内设计科研的角度去探索,这不仅仅是一种趣味而已,值得注意的是:我们不能为了变易而玩弄变易的手法,正像不能为了追求形式美而玩弄形式趣味一样。运用上述室内设计律变手法的真正目的,是使人的心理和感受随气候而得到有规律的调剂。

人能够用建筑造型的手段提取自然空间的一部分,用来造就室内宇宙,这是人类改造自然的一种胜利。围护不等于封闭。既然是胜利者,房子就是人类英雄的盔甲,同属宇宙的室内空间也是天体空间的一部分,室内外空间本来就是相互贯通、浑然一体的,室内设计无论围、透、分、合、藏、露、封、启,都是人们为了争得居住空间条件更大程度的自由与解放。我们常常将自然界天地万物与室内空间联系在一起,“窗含西岭千秋雪,门泊东吴万里船”。室内空间以及门窗的实际尺度是有限的,但其所包孕的可以是大千世界广阔空间的无限景物。建筑体型与环境的有机结合,室内陈设的渲染,水面镜面的反射映照,洞窗地穴的借景套取,帘幕树障的遮掩等传统手法,常常将空间导向纵深或一侧无限延伸,其意图是欲使虚实相生,有隐有现,创造出层次深远丰富,引人入胜的时空境界。在这种生动活泼的文明环境中生活,对于人们领悟学问,唤起对事物的敏感、兴趣和积极性,对于启发创造性的思维,提高工作效率,都是有益的。归根结底,环境的教育比宣传更深入人内心,室内设计在时空观上的实践与影响,对普及社会审美教育具有深刻的意义。

“场”的概念

从对于客观事物具有延续、顺序、间隔、速度等时间特征的认识上,人们感知到时间的流动;在对外界事物存在形体、远近、深度及方向等空间特征的体验中,人们又觉察到空间的运动。时间知觉与空间知觉是人所共有的生理与心理机能，只是对时空感知的灵敏度有可能因人而异。

根据建筑功能的要求，为了体现室内环境的性格，某一特定空间效果的出现，须要依靠室内装饰工程的语汇，借空间信息符号传递去起作用。借助于这些语汇和信息的召唤，激起人的精神灵感的火花。具体地说，室内设计有意识地将能够影响人的时空知觉因素，如光、色、声、温、味，以及质感、体感等施以加强或减弱、扩大或压缩、扭曲或拉伸、激化或缓和的作用力，让这种预加的作用力刺激或诱发人们在生理、心理上做出反应。设计师利用人们固有的时空知觉性能，根据设计意图构造特定的时空条件，通过人情物景中感情波涛的交流，让主客观两组对立因素渗透、融合，从而酝酿出丰富淳厚的精神味道。这就是中国传统美学中所称的"神韵"①。所谓神韵，亦即情与景的交融，意与象的浑然统一所生成的意境或情调。室内空间通过物与情的交感波所化合成的力量是一种莫可名状的艺术魅力。这种波的交感区域，力的相互作用范围如何？为了研究的方便，我们引入物理学上的一个概念，称为"场"。

对于人来说，室内一定范围的区域空间，实际上都是一个随着时间而不断变化着的"交变场"。人的活动往往是围绕在一个又一个连续生灭的、有形或无形的行为圈中进行的。如果这种随遇而安的行为被妥善结集在室内空间所提供的"交变场"中，那么，所有行为或事态发展的情况将有所倾向，或者将更为理想。理想或合适的区域空间通常依靠室内设计来获得。

无论是营业厅中三五成群各自成组的交易场，还是围绕着主席台的会议场，或是无影灯中医疗作业的手术场，甚至是"共享空间"中儿童围聚游戏的娱乐场，凡此种种人物事态行为在时间发生发展的任何具备能、动、质、量的角落，都具有"场"的性质。

"窗临水曲琴书润，人读花间字句香。"环境因素的综合交流，深刻地作用于人的心灵。人们在生理和心理上所有的感触交织成一股复合的知觉流。知觉心理因素具有精神的能动作用，知觉空间心理的场在一定条件下能够向思维与行为的立场转化。所谓精神变物质的过程，兴许是在知觉空间的心理场中引起了质的飞跃。在这个意义上说，"场"就是室内设计活跃在空间中的灵魂。无论创作设计者，抑或欣赏者，如果以"场"的思维形式来认识或塑造室内空间的形象，将自己对环境空间的理解、感受和愿望融入知觉心理的场中，展开形象思

① 况周颐：《蕙风词话》卷一。

维，围绕着构思中的场体进行技术设计，将一切物理性能综合落实到一定的知觉心理的效果之中，那么，这样的室内空间将富有感染人的生命活力，而且耐人寻味。

天、地、材、工

我国传统的设计创作理论经常引用《周礼・考工记》中的一个卓越论点："天有时，地有气，材有美，工有巧，合此四者，然后可以为良。"室内设计创作必须经受得起自然、地理、材料、技术四个方面的推敲。

自古以来，人类对于建筑的选址就十分重视对环境的利用。从新石器时代居住遗址的普遍规律可以见得，村落及建筑的位置，大都在依山傍水向阳的台地上。在取得通风、日照、汲水等基本生活条件后，古代人展开了与那个时代生产力相适应的室内设计活动。居住遗址中红色的"烧土面"就是整体的陶土地板，那种原始的地面，装修平整、坚硬、干燥、美观，而且就地取材，施工方便。尽管不可能与现代地面相比，但是，"烧土面"在历史上符合"天时、地气、材美、工巧"的原则，是谓"合此四者"的室内设计。

人须要置身于有围护的，但又是可以调节的环境条件下享受自然的恩赐。大自然是人类的母亲，人虽然立足于室内，但毕竟不能脱离自然的抚爱，必须与室外环境保持空间的有机联系，时刻通过来自室外自然环境中的"天时"、"地气"因素而生活，比如空气、光影、物象、色彩、温度与音响等感受来满足生理与心理的需求。而上述这些因素的取得，一方面依靠对自然景象的直接摄入，包括借景中的天光云彩、山川姿色、石形树态等视觉作用，以及对日照通风、湿燥寒暑、山泉松涛、鸟语虫鸣等体感作用。另一方面，还要借室内装修及陈设作为与外界环境发生联系的媒介物，以唤起人对自然的亲切感情。月洞、地穴、窗套，都是摄取室外自然画面的框子。而通过诗画楹联、花屏隔扇及壁挂陈设的点引，还可以渲染某种与室外自然景物甚至社会事物相呼应的情调，以求取人与世界的广泛联系。这种联系不管是在比邻，还是在远方；明确的，或者是含蓄的，室内的意境只有与外界环境在心理上沟通，才具有生动的活力。

不仅如此，从人的需要出发，自然因素还必须是有节制、有分寸地进入室内空间予人享用。室内设计的任务不光是主动沟通室内外的环境联系，而且还得主动调节这种联系的程度和分量。窗格、挂落、帷帘等除了具有对光线、室温和色感的调节功能之外，还具有在自然与室内或室外之间进行“隔”的艺术功能。但是，所谓“隔”，并非隔绝，而是围中有透的隔开。这又是从对立中求取和谐的一例，用“隔”的手法保持空间与空间一定的现实与心理距离能够产生美感。“犹抱琵琶半遮面”，遮隔的部分可以使暴露的部分更美。面纱集中概括了面容的美，但并不轻易暴露穷尽美的细部与全部，同时又将不美的因素滤去。隔帘看月，隔水看花，在一片烟水迷离、薄雾轻纱之中，花月的形象就显得神秘。由于遮隔，人与景物的空间距离在感觉心理上拉开了。可望而不可即的状态能产生引人入胜的吸引力。

室内设计要求充分考虑“天时”及“地气”因素，力求使客观环境与功能之间彼此的相宜深刻体现在设计中。江南地区传统的室内墙面很少用石质或瓷质材料。独特的水磨砖细装修既有保温吸湿的功能，又富有精细的工艺美术装饰特征，为了在潮湿的空气中不致结露滴水，避免阴冷潮湿的弊病。这是适应“天时”、“地气”的必然结果。今天，随着材料工业的发展，各种复合的预制石膏板材具有水磨砖同样的优越性能，而且具备防火以及便于艺术加工等多方面的有利条件。图3所示为石膏板镶嵌壁画，既保留了传统的使用性能，又采用了新材料。

图3

根据室内设计而进行的室内装饰是一种工艺美术的创作。虽然对室内空间的设计构思是重要的，在整个施工过程中并不直接表述设计师的美学思想，但毕竟是人的巧夺天工的技艺才使廉价的材料变得异乎寻常而具有高昂的价值。选材和加工，作为实现设计意图的重要手段，宜在室内设计中首先予以全面充分的考虑。所谓“材美、工巧”，无非是要求体现一个对加工对象进行精挑细选、巧思安排的原则。“居室之制，贵精不贵丽”[①]，材料不论贵贱，或特异之材，或废弃之材，皆以选用得当为上。江南园林中碎砖铺地可以组合成形形式

① ［清］李渔:《闲情偶寄・居室部》。

式的图案，废砖石拼贴墙地面有如宋瓷龙泉哥窑“百破碎”般的雅味。而所谓巧思安排，则存在两层意义：一是力求物尽其用，尽善尽美地发挥材料本身固有的特性，尽量以材料的天然素质，以其淳朴的装饰语言来直接坦率地表明设计意图，而不依赖于做作的辅助手段，让材料蒙受多余的雕刻粉饰而使固有的美受到遮掩。二是力求事半功倍，以巧妙的设计手法取胜。所有室内设计的作品从巧妙安排的意义上讲都是多功能的，有些构件既具备实用的构造性能，又饱含着某种感情力量。“凡作窗棂门扇，皆同其宽窄而异其体裁，以便交相更替。同一房也，以彼处门窗挪入此处，便觉耳目一新……二物别之既久而使一旦相亲，或数物混处多时而使忽然隔绝，是无情之物变为有情，若有悲欢离合于其间者。”[①]室内装修构件位置的更替，骤然的分合，或应有而未有，或先有而后无，断续的微妙变化波动着人的感觉，唤起了怀恋、期待、牵挂或求索之情。此外，同一件室内装修构件或者陈设件可以对不同的几个方向和方面产生量或景观的扩展作用。水池、镜面将虚实空间相映成趣，彼此景物和而不同。设计手法可以千变万化、层出不穷，但最根本的一点是：生活是设计创作的源泉。十分明显，忠实于实际生活的、适时的、宜地的和由此而来的材料与智慧的巧妙结合，是使室内设计创作“可以为良”的根本原因。

室内的空间范围受到尺度的限制，纵然用借景或设计手法可以取得层次，却不能如自然景物那样可有深厚的空气层滤去大量杂乱无章的东西。因此，在室内设计中最重要的是概括。概括是将空间中的形式结构进行提炼，就内容来说并不意味着减少，就形式上看，概括和提炼是明知其中有东西，但保留而不强调它，充实而不简单化，巧妙地隐藏其秀。有时，简化到不能再简的程度。虽然简，但仍旧有，以显其珍。从这个意义上说，简洁而突出深刻的内容，是谓精。卧室的墙面饰以倾向于冷或暖的蛋壳白已经够了，室内色彩效果甚至不一定依靠色彩的粉刷来取得，晚间靠灯具的光色变幻，白天借窗外景物的光线折射或浅色窗帘调节，同样丰富多彩。

运用形式美的规律，掌握造型法则的核心，实现设计以创造显示的过程，贯穿着人对自然、对材料的理解，表现出人的性情志趣和对形式美的感觉。室内环境美的实质内容并不只是具体明确的现象，而是洋溢、烘托出来的朦胧宽泛的感情效果。所以，不应要求室内装饰的艺术形象如同绘画那样确实和限定，

---

① ［清］李渔：《闲情偶寄·器玩部》。

而是追求外在形式所烘托的气氛、情调在潜移默化的影响中作用于人的情感和思想。室内设计创作对现实生活的反映不具有因直接再现而对其本身进行描绘的性质。

概括空间的另一个重要的方法就是变形。在变化了的形象中，形式的抽象美能够较大限度地使人的神思自由伸展。例如，宋锦裱贴墙面的大效果是色调及富丽的气氛，近看是细密的图案纹样，你若仔细观察，那么在不同角度光照下呈现出更富丽的趣味。有层次，有质感，有型有色，甚至可以透过壁面，“看”到你所想象的任何东西。再如墙面装饰壁纸的色块和纹饰，过于具象的图案并不如略为抽象的内容丰富，过于明确醒目的倒不如含蓄隐伏的更耐人寻味。“白云苍狗”、“屋漏雨痕”，还有溶洞中千奇百怪的大自然的造型，不是给人极其丰富的想象吗？为什么一定要以某一种具象固化人的感觉呢？各种事物都有它自己的局限，这也正是它的特性。动态艺术造型可以是比较具体如实的表现，而静态艺术造型如果过于具体和写实，那么它的功能则太受局限，给人的感觉也到此为止，十分单调。一览无余的效果容易令人生厌，因为没有回旋思索的余地。如果不正视室内装饰艺术的固有特性，或者不顾材料性质所决定的表现力，盲目堆砌惟妙惟肖的具体形象，实际上是苍白无力的。图 4 是砌筑在粉墙中的假山，一张抽象小品。“仁者乐山，智者乐水”，咫尺天地造就海阔天空之势，似山巅穿破云海，如拍岸浪中挺立的礁矶，然而在儿童眼里，那不是一头大熊猫吗？令人看什么像什么，这一件作品就抵得上许多作品。启发人的思维，打动了人的想象力，这样的设计创作，其价值就远远超出一块石头和一片墙面了。

图 4

图 5

对形式美的敏锐意识和感觉可以使点滴些微的差异变单纯为丰富。江南民居及园林室内设计中的种种处理都是“看它有用，不看不碍”的，有意才能发现趣味，无意则并不干扰你的情绪（见图5）。“那门栏窗槅，皆是细雕新鲜花样，并无朱粉涂饰，一色水磨群墙……雪白粉墙，下面虎皮石随势砌去，果然不落富丽俗套。”①这种变化在统一里，丰富在单纯中，看似杂乱却有章的手法，呈现出一种风格特色。它给人最初的印象并不十分突出，但是往往会给有心人投射过来一种“谜”一样的吸引力，被“缠”住了，欲罢不能，而一旦用心观察，看透了，就像解开了包袱似的趣味无穷。当然，室内设计所追求的最终目的并不是单纯的形式趣味，而是要通过形式的美感体现某种深远的立意，甚至是诗情。

传统室内设计的这种手法，就是我国古典美学中所称的“白贲”。“贲”者本来是斑斓华彩满布之意，但物极必反，“饰极反素”，形成了“绚烂之极，归于平淡”的白贲境界。与“大音希声”、“大象无形”同理，故宫的建筑彩画，江南园林与民宅的画栋雕梁，大效果是灰的，细部却是丰富的。传统的室内设计精华，正是体现了这种装饰艺术的最高境界——返璞归真。

形式美的感觉能给人以丰富的联想和启示，它对于室内设计表现手法的借鉴，是具有现实意义的。

文质相成

人们对于装饰的本质和意义往往是熟视无睹的。其实，装饰是社会文明事业必不可少的重要内容和手段。人的生产，还有它自身，都与装饰发生关系。讲究装饰是人的进步与尊严，是人性的表现。我国古代“饰”与“饬”通用，“饬”就是整治的意思，人类社会没有完善的整治归理，就没有今天发达进步的文明。

但是，装饰的本来面目曾经受到歪曲，“装饰无用论”者看不到造型工程的实用与审美的不可分割、互为依存的辩证关系，幸好，那种偏见随着科学文化的普及，正在渐渐地消逝。然而，在室内设计中毫无理由的堆砌，盲目的模仿，滥施“装饰”的现象确实不乏其例。“文章最忌‘百家衣’”，室内设计无异于文章的写作，无用的东西丝毫不要，而需要的东西虽分毫而必须取用。

中国传统的思想文化宝库中关于“文”与“质”的论述较多，但真正适用于室内设计实践，则需要对传统概念进行历史的认识与消化。朱熹引孔子“绘事

---

① ［清］曹雪芹、高鹗：《红楼梦》第十七回。

后素”一语注释说:“《考工记》曰:‘绘画之事后素功。’谓先以粉地为质,而后施五彩,犹人有美质,然后可以加文饰。”①对于一个人的要求,既要重视德行,也要讲究文采。对于室内设计来说,既要朴实,又要文雅,片面强调质朴,不作必要的修饰,则不免粗俗,而一味专务外观,不尚实际,则又流于轻浮。过犹不及,必须处理好这两者的关系,保持“文”与“质”的相对适度,把握住它们互为依存,即文质相成的原则。在这方面,民间艺术往往拙中带巧,豪爽有力,不矫揉造作,倾向于“质”美的发生和发展,它表现着健康而富有生气的魅力和真情,室内设计如果能呈现地方民间文化风味,以其样式与风格上明显的传统性和地域性,赋予建筑的室内空间形象以鲜明的地方特色,那将是富有性格的。但是,“质”的美犹如一个品性善良的孩子,保留着深厚的天然素质,而缺乏一种表现行为与修养,须要进行人为的教育。因此,孤立的“质”美是不完善的。“文”美往往与寻常所谓的“漂亮”的概念比较接近。人们为了漂亮而进行装饰,往往就不自觉地装饰过了头,反而遮盖了质美的本色,对于“文”美的追求必须十分慎重,真正的装饰设计不等于化妆,却有些类似于理发:保留头发本身的质美,而通过梳洗、卷烫、造型等“文”美的处理,实现两者的结合。

当前,在室内设计事业界存在着一种盲目追求进口材料的倾向。国外装饰材料当然是好,但更应发生兴趣的应当是建材工业部门,现代化的室内设计绝不是在材料与形式上依赖外国的先进成果,一味地追求昂贵的外来材料或者进口商品包揽室内所有的装饰装修,并不都能创造高雅的境界。事实上,珠光宝气的形式效果如果体现不出积极的思想内容,即使金碧辉煌也难免流于浮文,我们追求具有“质”美的境界。“丹漆不文,白玉不雕,珠宝不饰,何也?质有余者,不受饰也。”②我们也追求“文”美的境界,但“文”美应当是透明的,或者说如同衣服着于人身,暴露人体结构质美的形式。纹饰的华丽是一种美,但毕竟次于质地本色的表现。我们提倡以土著的优质地方特产及天然材料、国产材料唤起人们对环境美以及祖国、故土和乡情的眷恋,通过独特条件下优秀的设计来显示形式与思想的文采。因此,室内设计闪耀的不仅是物质,而且应当是思想的光华。让我们上升到人类文明的意义上去认识室内设计的意义,认识到人的本质力量和价值。

---

① [宋]朱熹:《四书章句集注》。
② [汉]刘向:《说苑》卷第二十。

综上所述,我们提倡对本民族传统设计规律的探索和实践,并不是要与现代世界的国外先进成就对立起来,也不是固执狭隘的民族主义情绪,人类发展到今天这样的时代,随着世界性的文化交流不断扩大,“各民族的精神产品成了公共的财产,民族的片面性和局限性日益成为不可能”①。世界正朝着人类文明进步的统一方向无限发展着,但这并不意味着要我们抛弃自己固有的传统文化,相反,我们应当更加努力地把本民族的文化发展到一个前所未有的水平,为促进人类世界的不断进步做出贡献——不管所开放的是外国的“郁金香”还是中国的“牡丹”。那就是我们现代化建设的世界意义。

室内设计研究是一门新兴学科,但在中国也是一门古老的学问。我国古代已经有“柱槛衣以绨锦”②的记载,那比芬兰建筑大师阿尔瓦·阿尔托(Alvar Alto)的“环境柔化”手法要早上许多个世纪。中国的室内设计研究有自己坚实雄厚的传统根基,遗憾的是部分封建愚昧的统治者糟蹋、埋没了这座大厦的基础。当代卓有见识的设计师和实业家们如果也看不到这一点,而任凭外商以工业化成果以及大量剩余物质倾泻入中国广大的市场,甚至为进口室内设计而耗费巨大外汇,那就等于断送了我们自己的未来。

原载重庆建筑工程学院《室内设计》杂志 1986 年创刊号及总第二、三、四期

① 马克思、恩格斯:《共产党宣言》。
② 《前汉书》卷九十三《佞幸传》。

“全晋会馆”古典戏场空间探奥

——戏曲博物馆古建筑修复工程

苏州“全晋会馆”古典戏场经过三年的紧张抢修，目前已整残如故。中外学界同行前往考察观览者无不为其精湛的建筑工艺及独特的空间构成赞叹不已。著名古建专家陶逸钟、美籍华裔建筑大师贝聿铭、中央工艺美术学院建筑美术系教授潘昌侯等，都曾先后对该古典戏场的建筑艺术作了高度评价。今天值此纪念苏州建城2 500年之际，我们谨从抢救地方民族文化遗存以及修缮古建的角度，将在复原设计及整修施工中偶得的几点收获，连同复原后业已开放的古典戏场建筑奉献给学术界。让我们共同深入这一艺术世界的空间堂奥，细心体察祖国建筑文化高雅深邃的幽趣，并且充分消化这份珍贵遗产所提供的营养，温故知新，开创建筑事业的未来。

一、修复工程概况

1976年1月8日，一起大火将苏州中张家巷在“大跃进”年代作为厂房的清代建筑“全晋会馆”大殿焚毁，罹难大殿属该会馆戏场建筑群体的一部分。由于整座会馆历经沧桑，当时已被居民、学校及工厂占用，馆内庭园荒芜，池塘填塞，有些楼舍年久失修，白蚁蛀蚀，濒临倾倒之势。各厅堂、院落及戏场均被鲸吞蚕食，任意割据成为既不卫生又不安全的“亦工亦民”的大杂院（见图1）。

会馆，是明清以来随着我国资本主义萌芽而出现的一种兼有地方行会、驻外商办及旅馆等多重性质的建筑类型。苏州的会馆从明万历年间开始发展，多时达九十余座。会馆建筑都有一条对称轴线贯穿公共活动部分，并附有多进房舍围合的院落。其中，公共部分的大院往往筑有一个大戏台，供演出或礼宾活动之用。“全晋会馆”系清末山西旅苏客商集资兴建，在苏州历史上先后一百多

图1

余座会馆公所建筑中,它是目前保存较为完整的一座。紧急抢修这组富有价值的古建筑群,对于保护传统历史文化、保护古城风貌,对于研究我国资本主义商品经济的萌发、研究江南庭院建筑及古典戏场,古为今用,探索中国民族建筑的现代化道路,都是具有深远意义的。

对“全晋会馆”进行全面的抢救修复工作从1983年开始。在修复之前,首先对馆舍现状进行了详细的勘查,根据已经发现的馆宅四至界碑,基本查清会馆的平面范围(见图2)。

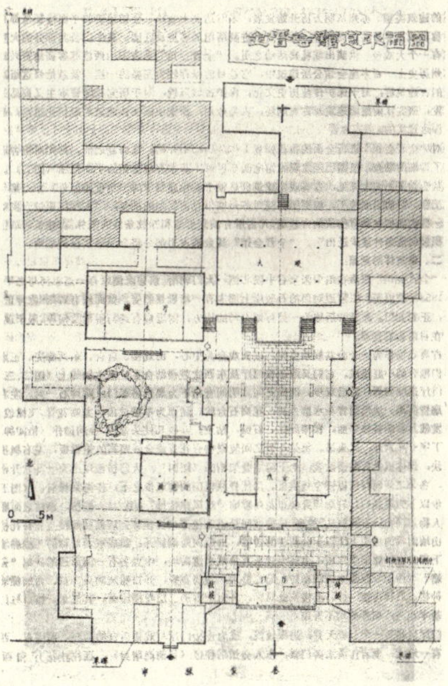

图2

从会馆平面图上可见,古典戏场建筑群是整个会馆建筑中一个重要部分。作为第一期修复工程,目前已经竣工。根据国务院对苏州总体城市规划的批复,“古城区要进一步整修开放一些古典园林和有价值的古建筑,凡占用有恢复价值和开放条件的园林、古建筑的单位,都要积极创造条件逐步迁出”。“全晋会馆”其余被占用部分将全面落实保护政策。

二、建筑体形复原

“全晋会馆”坐落在沿中张家巷中段北侧,大门朝南。该巷南侧有一道东西向的市河与之平行,惜于1958年被填塞。原河道对面的石驳岸上部本有一堵

“雁翅”照壁，壁面嵌有砖刻“乾坤正气”四字，正对大门。照壁背后原为一处停留车马的地方。附近应有跨河桥梁及河埠，限于现状，这些在目前未能复原。

古典戏场作为一个公共娱乐空间，以大戏台为中心，有戏楼、后台、东西廊庑、正殿及由它们围合的中庭组成。它们又跟会馆门厅及东西吹鼓楼结合在一根主轴线上（见图2、图3）。

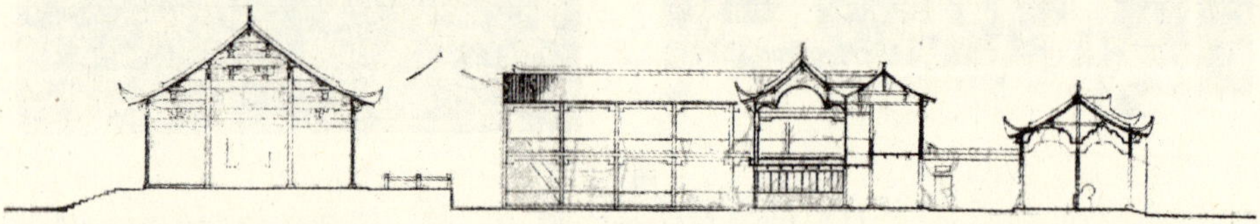

图3

门厅进深四界，前后双步，面阔三间。明间脊桁下为黑色将军门，踞坤石一对。左右次间门扇皆落地。地面铺清灰水磨方砖，花岗石台阶。屋面为单檐歇山，龙吻花脊，飞檐戗角，嫩戗发戗。檐部装修华丽，髹漆殷红、石绿，贴金。斗拱凡柱头铺作、补间铺作（桁间牌科）皆为丁字一斗六升，凤头昂。每朵斗拱之间装嵌镂有花卉或金钱图案的垫拱板，左右枫拱连成整块，

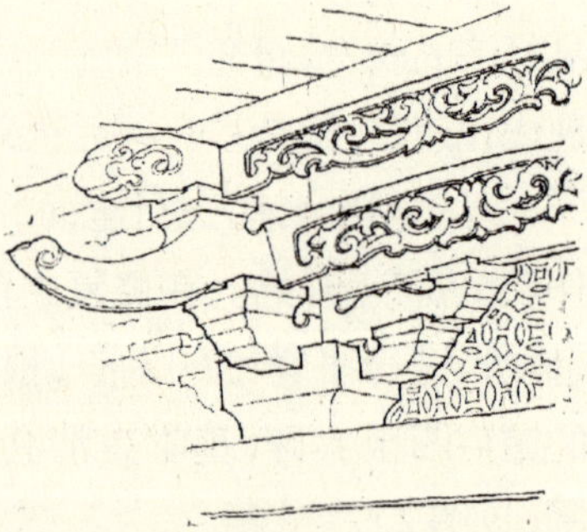

图4

连体枫拱板雕镂贴金，上下两层叠加桁间（见图4）。大门枋额以上为一斗六升桁间牌科，各朵之间同样嵌以镂空垫拱板。门厅脊柱以南的前双步之下，作海棠椽轩（见图5）；后双步以下为船篷轩。轩梁周身满布花鸟雕饰“双凤穿牡丹”（见图6）。檐枋、额枋表面雕刻戏文人物，有的是“三国演义”故事。前檐柱间悬垂花兰万字纹挂落；后檐柱间镂空雀替托枋。左右山墙南端的垛头上饰以十分精美的砖雕，由此向两侧展开，组成东西对称的“蝴蝶墙”。墙面下部为青石雕刻的须弥座，上部为青灰直角细水磨砖墙，中央各有一圆形透雕砖刻“云龙戏金蟾”（见图7）。顶部为砖细抛枋，筒瓦盝顶，滚筒花脊，开口哺鸡吻头。东、西蝴蝶墙分别与钟楼、鼓楼连接。钟、鼓楼彼此对称，各为一方形二层卷棚屋面。其戗角、檐口与门厅高度基本相当，朝外侧均不开窗。

图 5

图 6

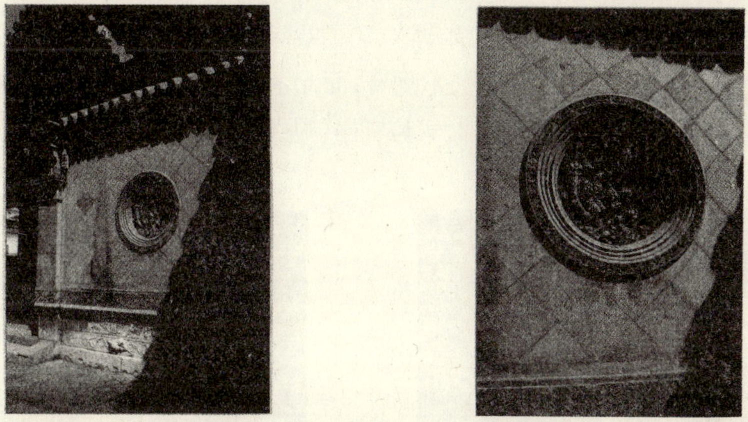
图 7

门厅以北是一个石板天井，进深较浅，成为连接门厅与戏楼后台的前庭。前庭东、西墙各有一地穴，框宕作清水砖门景。东入会馆居住区（目前尚堵封），西往桂花厅和西花园。

图 8

后台与戏楼、东西两庑均为二层，并连为一体，平面近似“山”形。后台屋面双坡硬山，闭口哺鸡吻头，亮筒花脊。南檐墙外墙面全为直角细水磨砖，底层作石库门三宕，楼层为统长短窗，檐部柱头及桁间均为一斗六升云头桃梓桁。后台朝北沿墙的底层全是落地长窗，楼层栏杆裙板以上为统排短窗。檐部斗盘枋以上每朵花兰斗出挑三层，每升一昂，垫拱板雕饰精工，昂间连体枫拱板叠架三层，雕镂花卉图案贴金，装修金碧辉煌（见图8）。在后台楼层中部北侧落底60厘米，即上戏台。戏台呈方形平面，台面高2.8米，其西、北、东三面临空，周边围以矮靠，若半岛式伸入中庭空间。朝北面额枋上左右悬垂木雕花兰两只，东北、西北隅的角柱柱头外侧俯伏衔球金狮木雕一对（见图9）。南面，即戏台与后台之间有太上板，中间开月洞门，左右各为“出将”、“入相”门洞。戏台装修是整个戏场空间的艺术精华所在，从檐枋到台座，精雕细刻，巧夺天工，令人叹为观止。斗拱做法较后台檐者更为考究，在凤头出昂左右，又各个加置斜出昂头两层（见图10）。戏台吊顶为穹窿罩，十八组斜向出挑的昂头呈顺时针旋向涡状旋转升腾，顶部用一面青铜圆镜收头封极，形象富有动感，可谓戏厅建筑装修艺术语汇之高潮（见图11）。戏台屋面为单檐高歇山，龙吻脊，面北垂脊的端部各塑以堆灰凤凰，形态生动。戏台建筑形象庄重雄伟，气势轩昂（见图12）。

图9

图10

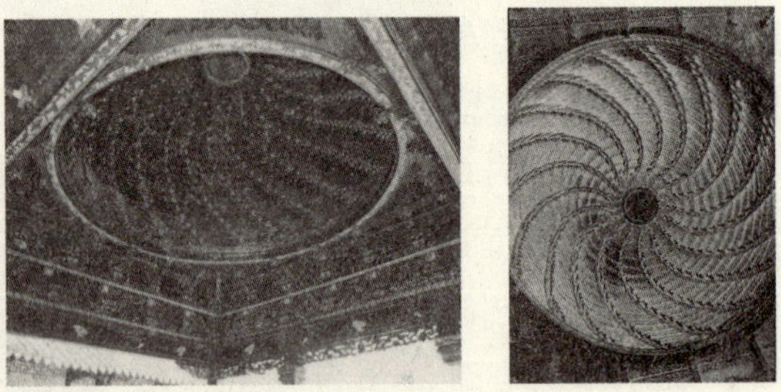

图11

图 12

从后台的东西两端向北延伸，为包围中庭的两座廊庑。廊庑上下两层，屋面小青瓦单坡硬山，哺鸡吻头脊，外侧皆围以实墙，内侧底层为石柱，楼层为木柱。木柱上端作雀宿檐（见图 13），柱头处挑檐垂以花兰，竹节斜撑，柱间置木挂落。从底层到楼层经木楼梯上下。底、楼层内侧柱间均有带裙板的万寿纹木栏杆围护（见图 14）。

图 13

图 14

中庭正中铺花岗石板，两边铺青砖席纹地面，左右各放置石条凳两组。

沿着中庭轴线向北，为一体量较大的殿堂。因原建筑已毁，现将原灵鹫寺殿堂拆建移此，虽形制略有改变，但基本尺度相似。殿基高度距中庭地面 140 厘米，堂前（原建筑此处为台阶礓礤，现稍作改进）加筑一花岗石露台，殿堂单檐歇山屋顶，飞檐戗角，嫩戗发戗。面阔五间，扁作，内四界，前后双步。檐下柱头及桁间皆为丁字牌科一斗六升，垫拱板雕花镂空。仿水磨砖黑色水泥划格地面。

东西两庑北端到殿堂之间有门，向东通入居住区（现尚封堵），向西可达楠木厅、桂花厅及西花园，西花园南北两厅、假山池塘等均已整修复原。

整修后的“全晋会馆”被定为江苏省重点文物保护单位，将由苏州戏曲博物馆管理、使用并向公众开放。

三、戏场空间构成与视听

“全晋会馆”日常生活从两旁门出入，遇重大礼仪活动才使用正门。

经由中张家巷（水）陆路，在“乾坤正气”照壁及大门蝴蝶墙相对合之间的场域，即馆前区，是整个戏场建筑的第一序列空间。该空间还包括大门以南门厅檐下的部分，这一块非外非内的“缘侧”半敞廊，即如日本现代建筑大师黑川纪章所称的“第三空间”，曾经成为他创立“共生”建筑学说的传统根据。大门敞开，后台朴素的南檐墙衬托出繁华富丽的门厅立面。门庭强烈地渲染了第一序列空间的艺术气氛，突出了建筑的性格。

穿过门厅，步入前庭，后台的南檐墙高而实，感觉比较局促。正当缓冲之际，门厅左右侧角隅隐伏的钟鼓楼传来迎宾鼓乐，顿时气氛呈现，这是戏场的第二序列空间。不太引人注目的左右墙垣上的两座旁门将前庭空间导向东路或西园。这样，令人感觉这一空间并不因前后进深浅而显得闭塞。

钟鼓楼的窗户如果朝外向南开启，则迎接对象就不能区别宾客和行人，所以窗户是朝北向馆内前庭空间开启的。在礼宾仪式中，夹道欢迎，冲着来宾大吹大擂固然盛情豪放，但在宾客左右背侧有声无形地鸣钟鼓乐，更别具优雅的趣味。宾主从石库门进入较为压抑的后台及戏台底层，面北有窗，前明上暗，似在船中，此为稍为收敛的第三序列空间。现代剧场建筑空间要求在进入观众厅之前，有一暗而静的空间过渡，让人暂时摆开现实世界，兴许有传统影响，欲扬故抑。由此顺主轴继续往北步入中庭，空间豁然开朗，回首即为雄伟的戏台，上大殿面南，即贵宾尊位。宾客眷属及随员可上东、西廊庑，即边厢。第四序列空间中庭（包括周围建筑内侧敞开的“缘侧空间”）是戏场的主空间，也是一个共享空间。古典戏场无固定的座位，演出过程中，观众、宾客、商贩、服务人员可以互相来往，自由走动。大殿、两庑可置桌椅，来宾品茗小酌，听戏赏景，在此大场域中可以各自围成组团活动。因为戏场空间很开敞，戏台、后台、廊庑等各组子空间都是彼此互相渗透的，既可避免彼此干扰，又能相互照应联系。

“全晋会馆”古典戏场四大序列空间的连接转折与过渡，贯穿在一条运动着的时空纽带上，厅、堂、廊、台各组空间的组合，凭借挑梁飞檐跨越、抬举或伸展的动势，依藉光影、图案和色彩的渐变骤变，和合在延绵的时空构架之中，特别是建筑装饰图案，画栋雕梁与跳跃的贴金又丰富了时序的节律。在各组空间体面相衔接的重要环节处，如戏台上下及建筑体型轮廓的边沿或中心部位，满布着具有音乐感的装饰图案。这些手法紧紧围绕着娱乐建筑的这一功能中心，体现着“乐”的构思和意匠。

此外，前庭和中庭各有左右旁门作为两条联系域外空间的纽带，而这两条纽带处理得较隐伏和巧妙，十分自然地使戏场空间、庭院空间与目前尚未复原修筑的东部及西北部住宅空间，有机地联系成一个会馆建筑空间整体。

在“全晋会馆”修复设计及施工的过程中，我们注意到，作为一个发挥娱乐功能的场域，在视听效果上，特别值得反复深入地推敲。例如：中庭的空间尺度问题；楼层廊庑与戏台面标高之间的60厘米高差问题；围绕露天中庭半敞开的“第三空间”无固定座位，但又机动灵活的各分区如何争取良好视角及视距问题；左右廊庑外侧实墙面对声能分布及均匀反射问题；舞台上部穹窿罩顶为什么用薄木片如此构造及其对音质的效果生成关系；等等。这些都是很好的研究专题，有的尚待测试，有些已隐蔽的构造节点，尚容陆续整理发表，以供专家研讨。另外，如何更好地保护这一古建，也是值得研究的重大问题。

在现代剧场设计中，在继承发展并创作具有中国特色共享空间构成的探索中，上述“全晋会馆”戏场建筑的传统手法为我们提供了宝贵的历史资料。我们认为，这些史料有一定的参考价值，也许还存在着某种可以发展更新的因素与生命力。

对苏州“全晋会馆”戏场空间幽奥的探索，有利于我们在传统文化深厚坚实的基础上，充实创作观念，丰富设计思想。在这个方面，目前仅仅是开始，需要我们深入其中认真地体察研究。

原载《苏州建筑设计》总第6期

正本清源　标新立异

建筑现代化的潮流，将环境——“我们周围的一切”——连同人的观念世界带进了一个崭新的天地。如今的家家户户，无论是衣、食、住、行，都在不同程度上超越了以往任何一个年代。因此，对于现代人来说，仅仅满足于栖身与温饱显然是不够了，人类须要不断地发展和充实自己，以实现更高层次上的文明与进步。

“安居乐业”，就是要使人们“各安其居而乐其业”。因此，造就种种良好的居住环境，无异于为各行各业的创造者们提供种种促进发展的客观条件。追求居住环境的安乐，并不只是意味着享受，由享受再进一步，升华而获得某种体会与领悟，乃是一种高远的境界，其所酿成的敏感性是焕发人们精神能源的火花，它促使思维质量的飞跃以及灵感的闪现，于是探索，又终于开窍，以至发明、创造。

环境，能作用于人类的智能开发。在这个意义上说，改善、优化居住环境，提高其质量，对于发展社会生产力，具有直接的意义。室内环境设计的真正目的，即在于此。

当前，社会上兴盛起的“室内装饰热”势头很大。各界人士，无论生产、消费和经营等领域，都对此表现出浓厚的兴趣。这当然是由于经济繁荣及人民物质与精神文化水平空前提高而产生的可喜迹象。但是，就像所有新生事物兴起的规律那样，难免会出现盲目赶时髦的倾向。例如，对于流行歌曲，如果停留在听觉的快感和生理节奏的舒适反应，而未能进一步领略音乐美感的奥秘和乐趣，从而让自己的精神内涵取得某种激励和完善，那么，这种浅层次的趣味，尚为娱乐性的消遣性质，未具文明高度上的价值。又如，爱好时新款式服装者，却未必能理解某种美化的选择是否利于弥补自己的欠缺、包含自己的个性与灵魂，未必能理解如何在穿着、披戴行为中不断寻觅自我应有的所有，未必能理解作为社会的人，如何将个人所表现的美，增益、融合在环境与人际中。对新事物表面形式的肤浅见识会导致高贵的事物内容庸俗化。正是在室内空间处理手法上流露出的不同艺术观念和对艺术规律认识修养上的差异，使我们承认并相信，对环境美的表现与鉴赏，并非没有标准。室内环境艺术的设计创作活动，也是对全民普及社会审美教育的一个园地。如果以为室内环境艺术设计这门综合性很强的专业学科仅仅是选择商品随意铺挂，那就太遗憾了。这般粗浅的“安居”，并不能启发人们在事业上敢于探索和创造的激情，只能说是一种简单的满足。那么，过不了多久，难免会感觉厌腻，然后流于空虚。

目前出现的另一种倾向是盲目模仿，有些地方已经形成泛滥的趋势。谁也不能否定，创造性是人类最伟大的天性，然而，创造性的设计往往是吃力不赚钱的，而照抄照搬不犯法。于是，没有个性特色的作品首先在城市街景立面上蔓延：铝合金扣板、茶色镜面玻璃、镁铝玲珑贴面……很好的装饰材料，却到处滥用，传统名牌特色又淹没在清一色中。室内也同样如此，有些作品，似乎没有什么立意，只是莫名其妙的堆砌。我们认为，这种状况可以任其适应社会上一时之需，但是，室内设计毕竟是一门严肃的现代艺术工程学科。正本清源，开展我们全面的装饰工程建设；标新立异，认真探索反映地方民族文化独特风格的室内艺术道路，努力创作，乃是当代设计师所应尽的职责。“我所有者，即与众不同。”只有独创的作品才是真正属于自己的财富。

要衡量一个国家、地区和民族的文明进步，可以看他们室内设计的水平。我国室内设计事业正日益受到社会各界的高度重视。目前围绕着该专业归口所属的问题意见纷纭：建设部门认为，室内艺术是依附于建筑艺术这张“皮”上的，“皮之不存，毛将焉附”？应归建筑业主管；工艺美术界认为，室内装饰工程，哪一件也离不开工艺制作，应由工艺家包办；而各轻工科研及其生产厂商亦争相称主。其实，室内设计专业如同电影学院的导演专业。问题的关键并不在于该由哪个专业工种来管，而在于该专业应当管好各个专业工种。这就要求室内设计师必须具备从总体上运筹调度各专业工种之间复杂关系的能力；必须深谙众多的材料设备及其性能特色，掌握它们的量和价的计算与支配；必须熟悉建筑构造、措施、规范，精通艺术创作规律，既有艺术科学构思，又有表现技巧；等等。

培养一个室内设计师比培养一个建筑师要花费更高的代价。虽然目前的室内设计大都由建筑或工艺师兼任，但是，室内设计是一个独立的专业。毫无疑问，这个专业队伍，必然是在创作设计的辛苦实践中自然形成的。

原载南京林业大学《室内》杂志1987年6月总第2期

一脉之相承　变不离其宗
——江南建筑继往探

一

从公元前 11 世纪起，已萌生数千年灿烂的古吴文化史前文明，为太湖境域、长江三角洲地区的繁荣富饶，开垦出一片丰腴的处女地。“水乡泽国”的自然条件得天独厚，人民勤劳智慧、富于创造，“文华荟萃，人杰地灵”。千百年来，世代先民历经辛苦耕耘，才创造出锦绣江南富庶的经济和发达的文化。如果说，这可以称为古吴文化的后延，那么，举世闻名的我国现代“金三角”经济区的形成，则是吴文化历史发展的必然。

作为文化的一种形象的表现，建筑集中了时代文化的最高成就。虽然古吴文明完整的建筑物至今已荡然无存，但是，我们从吴县草鞋山的居住遗址中，可以复原先吴文化的部分轮廓①，六千年前的文化堆积层中，已经出现木构建筑的遗存。最早的工程机械——滑车滑轮的发明与应用②，则更是促进了江南地区建筑业的繁荣。这是长江下游先民对中国古代文明做出的伟大贡献。

任何一个国家或民族的文明发展史，都无例外地表明，没有一个时代不把当代文化最突出的成就体现在建筑上。一个完整的，又是发达的文化体系，在衣、食、住、行诸方面社会文明的成就，其服务于人类的深、广、进度是同步的。吴文化著名的印纹陶艺术，丰富了建筑材料（如砖瓦）的实用与装饰性能。出色的玉石雕刻、丝绸与编织等工艺，为室内装修提供了形形色色的表现手段。青

---

① 南京博物院：《江苏吴县草鞋山遗址发掘报告》。见《苏州文物资料选编》，苏州地区文化局、苏州市文物管理委员会、苏州市博物馆 1980 年 9 月编。

② 赵青芳：《长江下游先民对中国古代文明作出的重大贡献》，南京博物院集刊，1983 年第 6 期第 1、第 5 页。

铜冶铸技术的成果无疑是直接落实到建筑构件的加强节点上的。在沙洲鹿苑出土的青铜斗拱——金“釭”，作为吴文化的成就，反映出它早期的形式，即那个时代建筑装饰的盛况：被锦彩画，包梁裹柱，重轩缕槛，金碧辉煌。无怪乎后来司马迁南游春申君古城时，不禁为之称叹：“宫室盛矣哉！”

二

站在历史的高度审视数百年来的盛衰与浮沉，凡是在文化层次中卓具生命活力的进步因素起主导作用时，事业就兴旺发达；若是以不具备本源力量与素质的成分构成支配力量，就不仅不能使文化肌体有效地生存和发展，而且还有被时代潮流簸弄，或被异邦文化湮没的可能。本文首先要阐述的，是这样一个复杂的历史现象：人类历史上所有各类专业创造，均以普遍涌现起始，社会生活的复杂性，往往使互为因果的关系远离，互不关联的事物并存，良莠争长，真假难分。一些人能够正本清源，遵循客观规律，应顺着事业的脉理，探索前进。他们变而承宗，从而建树起富有地方民族特色的社会文明。然而，并不是所有的创造者都具备这样的自觉性。由于文化素质的局限性，也有所继者，往往并未厘清文化经络中的真正脉理，所承者也非文化传统之正宗，他们并没有开掘到文化深层正宗的滥觞之处，更没有自觉地认识与理解到文化经脉的组成——它本来存在着两种对立的成分：真与伪。因此，不是在旧习俗的束缚下为“承宗”而抱残守缺，就是在感情的冲动下为“变革”而否定一切。例如，六朝时代精美的卫生洁具唾壶，曾被认为过时而废弃了，代之以优美的青铜酒尊为造型的痰盂。如今，有些人为了追求“效率”与“速度”，干脆连痰盂都不要了，认为不合现代方式。难道这也可以全盘否定，而代之以随地吐痰的新文明？在这个问题上，讲究卫生的目的是真正的宗和脉，不能因为洁具的某种欠缺而否定文明卫生的本源。当然，死守陈旧的设备器用，不思改进，也绝不算是真正的“承”。围绕着对宗与脉的继承问题，始终存在着一个对是、非、真、伪等实质性环节的把握与判断。思想的简单化与盲目性，在人类进化意义上说，是一种退化，也是人类本性的一个薄弱点。文化发达地区人们的思维方式，显然是克服了这一弱点的。地方民族文化的进步与否，可以从人的素质状态中去发现原因。

反映在建筑设计领域，情况也较为明显。随着时代的发展，设计的概念也在更新。然而，这种更新并不是削弱或否定其原来的精神内涵，而恰恰正是丰富了作为人类创造活动的文化实质。Design 一词已从过去技术性筹划的含义，发展成当今世界现代艺术构思的新概念。

在建筑形式问题上的争论，倘若不触及文化深层的本源上，不站在创作思想的立足点上，而只是就事论事的话，就难能取得创作意义上的进展。以藻井为例，现代设备已经具备了建筑室内实质上的防火功能，藻井最初的用途及出发点已经不复存在，然而，其造型符合平顶构造诸种功能上的需要，保留至今是合理的，并且仍然能给人以传统历史信息的某种联想与启示。建筑形式仅仅是建筑文化的一种语言，形式既然是内容的必然表现，造型必然跟着结构走。而建筑文化的本源才是具有生命活力的灵魂。探源的目的，在于发现人类自身本质力量的价值，从而取得这方面的自觉性。研究吴文化在建筑领域中的成就，亦即求索江南地方建筑发展之根由，然后，承前启后，继往开来。

三

在历史的一定物质资料生产方式基础上发生、发展的社会精神生活形式的总和，称为文化。这一广义的解释，不同于一般社会用语所称关于识字程度与学历水平的含意。同样，对于“传统”一词在学术上的概念，亟须明确。传统，并不只等于过去。古希腊哲人赫拉克利特认为“人不能两次进入同一条河流”。传统就是一条流动着水的有生命的长河。整个传统是无止境的，是永远延续的，它包括过去和现在，并着眼于将来。不管是哪一个历史阶段，传统的长河中始终兼容并包着陈旧与先进的成分，并不是所有传统的内容都是落后的，也不能认为现在的行为不属于传统的有机续成。但是，从变革的角度看，对传统历史的过去曾经出现的旧事物，都要经过审查，在新旧交接的环节上进行否定。但请注意，这种否定，并不是对传统整体的否定（事实上并不可能），而是将“联系环节”即“发展环节”上，对继续发展有阻滞性的因素进行否定。正如接力赛，接过棒的运动员，在交接环节上是对前一个运动员的力量、速度、步法等方面的否定，对前者因疲劳及生理限度所导致的衰退进行否定。至于整个接力比赛仍然是一段相对有限又是正在进行中的“传统”过程。

现代与古代之间并没有一条界线。现代化是相对而言的，当前的现代化运动也是传统长河之中的一个极小的区段。从这一点出发，现代建筑也是从整个建筑大传统的母体之中脱胎而出的，从建筑文化的传统中演变而来。任何人与事物,都不能摆脱传统,但是,对传统以往所暴露的问题,当代人可以鲜明地表示异同和弃取之见,归正勘误。而大可不必以激进的“反传统”口号,导致“因噎废食”的伤害。

四

世界,是一个不断发展变化着的运动体。生活的每一个角落都充满着“变”,变是绝对的,“不变”才是相对的。《易经》就是一部关于变化的经典。但是,要“贵活变”①。所谓活变,包含着两层意思:其一,是在保留原有生命基础上的转变;其二,则是任其自然地演变,让智慧在自然的土壤中萌生。关键是首先要成活,活了才能变。

自然与生物的内部联系都有脉理网络,脉络总是大体相似,但又各不绝对相同。文脉也是如此。建筑文化的发展与创新,总是在建筑的范围内去变,不能脱离建筑文化的脉理而变。拆去一座旧楼,重建一座新楼,但是旧楼在当初新建之时,也是有其环境立意及设计构思的。应当首先分析了解当时的设计意图,如果尚有一砖一木之价值,一星半点启发性的认识,均可作为典型积累;要是没有搞清楚旧建筑的本质与特征,盲目行事,岂非与破坏差不多吗?“有些东西是自然存在数百年的文化,如果没有生命力,则早就淘汰了。对它们不能轻举妄动,必欲动的话,须经科学的研究,不然,会产生意想不到的后果。”②现代建筑脱胎于旧建筑传统的母体之中,顺着原有的脉理创新,这才是一朵有根有生命的花,是谓“活变”。反之,如果移植而来的是一株没有根的塑料插花,那么,不管有多么艳丽,也是假的。这时,原有的建筑文脉随着旧楼的拆毁,早已结束了它的生命,而新楼呢,又可能是虚假之物,根本无所谓变化也哉!

所以,创和变本来是针对不创和不变的原有事物比照而言,创与变并不意味着对原有事物绝对的抛弃,也并不是没有任何规律可循。因此,当代江南建筑的文化特色及其创新,可以从古代吴文化至今的传统中寻找发展演变的渊源关系。如何发掘这一规律性的联系,正是本文所要探索的主要内容。

将吴文化遗物与当代江南文化的特征相对照,可以发现若干在风格、倾向

① [清]李渔:《闲情偶记·器玩都》。
② 杨廷宝:《为苏州城市规划讨论会所作的报告》,1979 年 11 月 20 日。

上共同的基调，可见人的追求有着历史的继承性。从图腾出现，从纹身开始，图案是民族文化精神的体现，是人们理想所共同寄托的标记，也是社会生活形象最概括的缩影。此外，还有“可洞人理，可穷物变”①的文字(汉字)。将这些共同特征归结到思想哲理的必然性上来看，我们可以发现：吴文化时代素色的印纹陶表面，印有凹凸起伏的印纹，它在不同光照下所呈现的多层次的丰富情调，与丝绸及后来盛行的画栋雕梁、石刻砖雕、装折陈设相对照，其含蓄的装饰味感是相同的；吴文化的陶(石)纺纶图案与太极图、园林漏窗等的形式感是相似的。

强调对比，“在对立中求取和谐，不在相同中显示和谐”的原则，拉开了黑白、阴阳、动静、粗细等对比的调子，从中丰富了层次，也就成为吴文化及其随后至今的江南建筑所以乌瓦粉墙的因由。故意显示矛盾，让不同符号体系在统一的秩序中组合，让对比双方与同一环境对话；依靠光影、绿化、装修的语言作为建筑空间对比调子的和声，从而求取不显得平淡的和谐，求得不感觉刺激的对比，在异中求同，和而不同。这些，表明了今天与古代文明之间在手法上的相和。

吴文化遗址出土的编织物痕迹，与江南地区历代独特的平面及空间网络编织工艺，其纹样的结织、集成有序，均显示着在构架及思维上缜密的习惯与逻辑原则，并由此引申到思维方式上的严密性，其与历来一贯的创作风格及情调相合。

《诗经》中所提及的“如鸟斯革，如翚斯飞”，此翚飞式屋面，在今天江南园林建筑的戗角处常见。此外，静中寓动的悬链线，及关于民俗装饰纹样中长期广泛使用的鱼形、草形图案等，显示着古今相随、一脉相承的手法和秀美的气度。

江南建筑中若干庭园、院落空间及建筑布局、形体组合，甚至假山的堆叠类似古代书法金石的间架结构。苏州西园罗汉堂作成一个空心的“田”字形平面，既合乎观览功能，又特具文化意趣。并不对称但互为顾盼的建筑群体，无论平面或空间，都酷似吴文化时代青铜铭文互倾互从的情态，其空间构图的章法，疏密聚散，所呈现的韵味依依相投。

汉字的象形意义及民间图案的形象特征，在时间和空间中若烟云般自由变

---

① 康有为：《广艺舟双楫》。

幻，延展流变至今。特别是汉字表现着书法间架结构之美[①]，它与各种图案的寓意，都体现着地方民族文化的精神哲理，这类概括思想的符号与形态，可以作为触及文化本源的中介与传统历史信息的译码。书法中的甲骨金文、正草隶篆，在象形会意相通这一点上，对建筑空间构架体现建筑文化哲理方面，具有触类旁通的借鉴意义。

上述各个方面，无论从形象还是概念上，对我们继承吴文化的精华，加深对江南地区建筑文化根源的理解，从而丰富现代建筑的设计创新，具有深刻的启示作用。

五

吴文化是在地方土著文化的基础上，吸收了中原文化及楚文化发展起来的。近代江南地区，也是吸收了中华全民族文化及外来文化的精华始得发展昌盛。但是，就像吴县胜浦农村妇女那样，纵然有紧邻世界大都市上海的现代文化的影响，她们有时髦的西服，但仍不舍弃民族服装及民俗上的配饰。为什么要强调地方特点及民族性呢？越具有民族性，就越具备世界性，多样性促使统一性的发展，在统一的基础上，再进一步发展地方民族文化更高层次的多样性。如此逐层提高，就推进了世界文化普遍的发达与进步。

未来江南建筑如何在改革中实现现代化呢？我们认为，初步的结论包括下列五个方面。

1. 现代化并非形式上的包装，现代化的本质是社会生产力的高度发展与科技艺术的进步。建筑文化的发展，是社会生产力发展的必然表现。这里用得上格罗庇乌斯的一句名言："现代艺术不是老树上的新枝，而是从树根上生出来的新枝。"现代建筑是生产力的直接反映，谋求的是功能、效益的进步与优化，而并非形体、物耗以及量与度的创纪录。

2. 从传统概念上说，凡是具有生命的因素，就应该让它活下去。女儿墙小青瓦盝顶外挑沿、马头墙及"道士帽"的泛滥，显然是形式主义的仿古遗风，但是，在目前状况下，不妨任其自由发展。用行政手段限制或推崇某一种建筑形式，与当代科学文明"兼容并包"的民主精神相悖。

---

① ［清］黄自元：《间架结构九十二法》。

3. 从文化深层的本源之处，将吴文化独具的秀美、含蓄、多层、有序的特色及其创作思想发掘清理出来。放手发动创作，只有从大量的作品中才能提炼出现代建筑文化新的思想、语言与表现形式。

4. 建筑创作与保护文物古建是两回事，两者同属建筑文化的不同方面。保护和复原古建筑也是一项学术研究。保护与改造，首先应了解建筑的时代。用清式旧厅，拆移建立“明四家”唐寅墓的纪念室欠妥，纪念性的建筑及名人故居，是什么朝代就恢复修建什么时代风格的建筑。

5. 建筑师应加强文化修养，从民间、社会的生活基层及历史信息中去寻觅启发与灵感，着力于意境的开拓、建筑文化语言之推敲及地方民族情趣的体会，主动思维，脱旧创新。

可以预料，江南地区旧的建筑将有一次历史周期性的大塌毁。以古城苏州为例，在保护和改造旧城的具体对策的研究上，仍有若干细节缺乏考虑，但是某些精华部分仍能在自然淘汰中传之后世。

吴文化兴盛发展以来，江南地区文化繁荣的原因值得我们作出科学的历史性总结。人类充分利用自然的恩赐，对人的素质的提高、精神智能的开发，是深为有益的。具有文化艺术韵味的庭园建筑加上先进的室内环境，是培养人才，促使人类素质优化的客观保证。

当代建筑师在发展文明事业的建设中，任重而道远。

1987 年 12 月 25 日在江苏省建筑学会“文化 · 传统 · 现代建筑”学术讨论会上的发言，原载《苏州建筑设计》第 8 期

垂虹千古月

——关于《园冶》作者计成的传说

晨光蘸着薄雾，渲染出屋宇、树梢和帆樯紫黛色的叠影。黎明时的吴江古镇松陵就像一幅朦胧的江南水彩，一位罩着轻纱的丽人。镇梢头，那座古老的长桥犹如一条玲珑剔透的玉带，飘浮在熹微的天光水色之中，远远地消失在烟波深处。那隐约可见的垂虹亭还不是桥的尽头。当苏醒的渔舟荡漾起清晨第一圈碧波的时候，从垂虹亭那儿跃出一个矮小的人影来……

那是明万历十八年(1590)一个仲春的早晨。

匆匆而来的是一个约莫七八岁的男孩，他挎着一只盛满烧饼的椙篮，穿过市坊口拱门下的石板街，径直向一家大院走去。这个小男孩就是少年时代的计成。

小计成在院墙根站定，随即向身旁一株香樟飞去一脚。啊！好一阵甘美的晨露飘洒而下，被撼醒的满树宿鸟呼的一声四散惊飞。这好像是一个信号，瞬刻间，院门打开了，一个同样年纪的男孩，黄家少公子揣着晨读的书卷跨出门槛来。其实，他们早就相识，而且是好朋友了。因为计成喜听黄宅院墙内琅琅的读书声，黄家少公子爱吃香喷喷的葱油麻酥烧饼。可是，黄公子是从来不使用铜钿的，总不能白吃小朋友的烧饼呀！于是，他取下了自己的手镯，但计成摆了摆手执意不要。这个场面，被躲在门后窥视的老管家阿福看见，并且禀告了老爷。

第二天，黄老爷让阿福将小计成请进家里。他望着这个卖烧饼的孩子：一脸憨厚淳朴的神气却也掩藏不住那满目的聪颖。少爷正需要一个书童。就这样，计成进了黄家大院。

黄家有一条家规：肯读书的人，即使不是主人，也不视为奴才。一棵在旱谷里顽强生活的幼苗，一旦得到了雨水的滋润，那长势就甭说有多么的蓬勃兴旺了。计成在侍候黄公子读书的同时，自己也拼命苦学，如饥似渴地满足求知的欲望。尽管他要干活，而且起步已晚，但是，他有先生可以请教，他有书本可以攻读，也有笔墨可以书写，甚至他还有与少东家黄公子对弈棋艺、对赋诗文的机会和乐趣。即使闹笑话也无妨，因为他有了一面镜子、一根准绳，可以鉴测自己，只要刻苦虚心。

安稳的日子似乎比艰难的动荡岁月要过得快，虽然对于计成来说，每天都是在辛劳中度过的。功夫不负有心人，凭着他心灵手巧的秉性和勤学苦练的顽强精神，十年之后，计成已是一个学识渊博的读书人了。在所有涉足的知识领域中，他倾心于艺术，擅长书画，特别醉心于山水之间优美的诗情画意。

人的志向有时是跟人的出身有关的。“学而优则仕”那是黄公子的必然前程，“学而精从艺”却是计成的抱负，在他眼里，艺术是至高无上的神圣事业，是生命的真正意趣。他不图在官场仕途以庸俗的代价投机取乐，而求在辛勤的艺术创造中深刻体验并享受生命世界中真、善、美的无限欢愉。跟历代所有正直的艺术家一样，计成痛恨封建统治者推崇的落后的文化专制，讨厌虚伪的八股文章及艺术上没有出息的师古摹古风。他酷爱五代著名山水画家荆浩、关仝的创作方法与艺术风格，仰慕他们深沉宏大的气魄、全景式壮美的构图所表现的高远的精神境界，以及忠实于大自然的艺术情操。他反对墨守成规，竭力要摆脱成见成法的束缚羁绊。他深知艺术家的生命与价值在于不断地创新。

作为感恩与报答，计成忠心耿耿地为黄公子劳役十多年，以自己的聪明才智，诱发少东家的灵感与心窍，风风雨雨，陪伴他闯过科场应试的道道难关。计成尽管受益于黄公子的帮助与恩泽，但是，不同的身世，不同的执着追求，决定了他们主仆俩不得不分道扬镳。

明万历三十一年(1603)秋天一个金风送爽的日子，计成在垂虹亭侧的水码头送别了离乡上任去的黄公子。望着远去的风帆，他独自在桥头徘徊，直到深夜。

长桥的月色是那样迷人:“云头滟滟开金饼，水面沉沉挂彩虹。”历来多少诗人墨客曾在这里留下绝妙的千古绝唱。此刻，垂虹桥(见图1)像一把利剑直插水天之间那神秘的远方，“此中自与银河接，不必仙槎八月潮”。几百年来，这座原称“利往桥”的长桥曾为无数过往行人效尽方便之利，背驮着人们越向理想的彼岸。传说中的钱忠由此登仙而去。如今，黄公子也从此步入飞黄腾达的未来。而计成呢？如果说，“烟波深处是生涯”，那么，他是多么希望也在此启程远航,去遨游艺术世界的海洋!

图1

但是,一个清贫的文人无依无靠是寸步难行的。当年的小计成要不是进黄家作书童,至今可能还得卖烧饼。翌年初春,计成凭着自己的才华,投靠一督察航务的官员,充当幕僚。他终于像一只成熟了的工蜂,投身于五彩缤纷的广袤田野,采蜜去了。

计成在北京和两湖地区生活了很多年,他游历了天南海北的名山大川。`长期深入生活的历程丰富了他的创作思想与艺术实践。艺术是没有止境的,在造型艺术的历史上,吴道子绘画成名,杨惠之另辟蹊径,开拓了雕塑艺术的新天地。计成发现,平面山水绘画早已盛行,那么,立体的山水艺术为什么不能开创呢!凝练自然的园林环境艺术实际上在他之前就已萌芽,只是没有人来研究和经营罢了。

明天启元年(1621),迈入不惑之年的计成在艺术上更趋成熟。这一年,他回到江南,定居镇江。有一天,他发现人们将奇形怪状的石块像花生糖般杂乱无章地堆积于庭院竹木之间,他觉得可笑。"为什么不能模仿真山的形态,顺其脉理,创造出一座生动的艺术作品呢?"他想。在朋友们的支持下,计成积多年山水画的创作经验,堆叠起一座雄伟的假山,顿时竟轰动了镇江。这件事也就很快传开了。

当时,常州有一个被罢了官闲居在家的文人吴玄,对计成的造园艺术怀有浓厚的兴趣。天启三年(1623),吴玄邀请计成去常州为他造园。计成将传统的山水画论与文论、诗论及地方民俗、历史、文学、园艺和工程技术熔炼一炉,巧妙地利用地形和自然条件,将一块仅五亩的不毛之地建设成深幽雅致的人间仙境。因其位于吴宅东侧,题名"东第园"。这座园林设计之巧、营造之精,令吴玄欣喜若狂。从此,计成声名大振。

计成在设计实践中及时总结经验，将心得整理成文。崇祯四年（1631），他又为仪征汪士诚设计建造了与常州东第园并驰大江南北的名构“寤园”。就在寤园，计成完成了他的不朽著作《园牧》初稿。汪士诚有个知交，名叫曹元甫，常去寤园聚会，他深为计成精湛的造园艺术所倾倒，惊呼这是千古以来所不曾有过的创举，这样的专著是计成的创作，不宜谦称《园牧》，应该改为《园冶》才合适。曹元甫毕竟是当时东南文豪，卓具慧眼，真正识得计成这位奇才的宝贵价值。

在《园冶》的基础上，计成又为好友郑元勋在扬州构筑了著名的“影园”。影园的造园艺术水平堪称登峰造极，以致郑元勋专门写了一篇《影园自记》，详尽介绍计成的这一辉煌名构，并将一代名师计成誉为“国能”。

为了出版《园冶》，计成伤透了脑筋。曹元甫介绍他认识了阮大铖。臭名昭著的阮大铖虽已下台，但在地方上尚存经济实力，败落的政客不会放弃沽名钓誉的机会。可是计成怎么肯与姓阮的同流合污呢！曹元甫劝导说：“事业的成功光靠信仰的一面是不够的，还得借助于外来的力量，哪怕是异己的因素。”计成无可奈何，只好让阮大铖写了个序，由阮帮助刻印成书，崇祯七年（1634），世界园林艺术的经典文献《园冶》（见图2）问世。

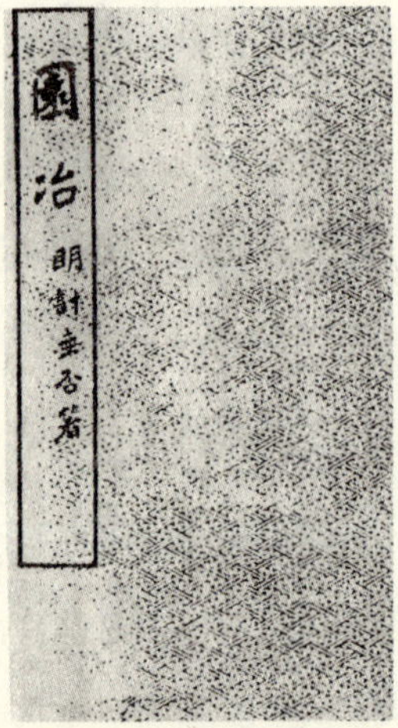

图2

由于阮大铖的草率，《园冶》版本未经计成校勘，而且还漏刻了大量精美的插图。在明末混乱的局势中，计成还来不及安定下来对自己的心血成果修憾补缺，一代“国能”，东南之秀，我们环境艺术的造园巨匠在贫病交加中回到故乡吴江松陵不久，就与世长辞了。

在垂虹桥畔，计成留有两个儿子。大儿子计长生，为人忠厚诚实，他坚定地继承了父亲的事业，将造园的经验广为传播，流行民间，形成了江南建筑匠师们程式化的常规法则。直到近代，我们苏州民居的传统经典《营造法原》中还留有《园冶》的遗制。计成的小儿子计长吉，聪明能干，他深为父亲身后的遭遇鸣不平：“为什么一个操劳一世的卓越艺术匠师，只因为被奸臣阮大胡子吹捧了几句就受到冷落？”长吉痛苦、彷徨、消沉；他感到艺术家的命运太悲惨了，现实使他失望。既然如此，那么，处世无须专一的营生，怎么好就怎么活，世事如瞬息万变的潮水，人生只不过是个弄潮儿，何必含辛茹苦地忠诚于给自己带来贫困的艺术呢！他觉得只有经商才能摆脱贫困。为了筹集本钱，他变卖了家产，包括他父亲遗留给他的宝贵财富《园冶》及大量计成真迹书画诗文。结果，长吉并没有发财，他失去得更多。他哪里知道，纯洁的艺术才具有永恒的价值，而钱财，不管赚来多少，那只不过是潮水，有涨有落。

三百年后，爱国的学者才将流传日本的《园冶》全本重新传回国内。这一部被日本人称为"夺天工"的世界造园学名著，在新时代的阳光下才真正焕发出它金色的光彩。

计成的业绩和园林艺术事业的枯荣兴衰，古老的垂虹桥是最好的见证。虽然这处具有九百二十年悠久历史的天堂胜迹"垂虹卧波"在"十年动乱"中崩塌了，但是，更为美好的"垂虹晓月图"正在重新绘制。新时代的垂虹桥将伴随着现代环境艺术园林建设事业的振兴，为我们神圣的业祖计成先师树起不朽的历史丰碑。

原载《苏州杂志》1992 年第 2 期

乡村住宅设计新构思

改革开放以来，随着国民经济的全面繁荣，农村面貌日新月异。继实现温饱之后，标志着社会文明进步的居住状况，正日趋改善，人民逐步迈上小康的台阶。“安居乐业”，起居安顺，直接有益于人们智能的发挥，进而促成生产力的飞跃。中国十一亿多人口，九亿在农村，没有九亿农民的小康，就谈不上全国的小康；农村不安定，整个社会就不安定；农业上不去，整个国民经济就上不去。农村实现小康，是我国重要的战略目标之一。因此，探究农村住宅的理论与实践，无疑是一个举足轻重的科研大专题。

由于当前农村居民的成分不唯务农之民，尚有经商、办学、从政、理财的村民，更有企业家和工人，农村不再是务农专业村。所以，对过去所谓的“农村住宅”，本文统称为“乡村住宅”。

当今世界，乡间住宅属于环境条件甚为优越的建筑，其环境质量的各项指标都超过城市住宅，适用功能也较城市公寓丰富多彩。但是，环顾现状，目前有些乡村的住宅建筑，未能充分利用得天独厚的环境资源，也有的未经合理周到的策划设计，以致造成种种缺憾。富裕起来的人们，纵然具备一定的财力和有利的客观环境，却享受不到理想成效，在这种情况下，越来越多的乡村居民频频吁请工程技术界提供服务。应顺社会的需要，这是本专题在市科委关怀下批准立项的依据和出发点。

经普查，目前乡村住宅建设的情况，归纳起来有三种类型。第一种类型，是祖籍农村的土著村民的居宅，这类住宅沿袭着传统常规，结合使用一些混凝土预制构件成品建材，由地方匠师按既定程式土法施工。受小农经济习惯思想的残余影响，这类村民往往节衣缩食，艰苦创业，视建房为毕生奋斗目标。有时他们为显示荣耀而彼此盲目攀比，不惜工本地追求“高、大、宽、空”，在看得见的表面装饰上堆砌，普遍表现为重外轻内，“豪华”档次不断升级。然而，恰恰在至关重要的，同时也是看不见的构造与功能方面，缺乏安全与实惠的考虑。竣工后的诸多抱憾皆出于此。第二种类型，是模仿城市公寓平面而建成的小楼房，这类建筑仅仅缩小了楼梯的尺度，其余部分几乎是城市公寓单元平面的照搬，极为明显地暴露出一个关于居住空间对生活方式如何适应的问题。一般概念总以为乡间生活要比城市单调，其实不然，乡村生活节奏虽慢一些，但内容并不单纯，反映在对住宅功能的要求方面，比起城市公寓式住房要复杂得多，村民需要更多属于自己的生活领地，不像城市市民那样另有去处。民俗乡情、婚丧嫁娶、室内作业、户外场地、器具堆放、禽畜圈养……一系列实际需求须得争取最大限度的满足。因此，第二种类型的住宅摆脱不了城镇住宅的模式，仍不能全面地适应村民生活方式和发展中的需要。第三种类型，是当前正时髦的“别墅”式样，那是一些先富起来的村民所建。他们从开放着的“窗口”中将度假村小洋楼移植进自己的家园。目前，有很多人热衷于乡村小别墅的经营。这一类型的建筑十分强调居住与设施的舒适功能，对某些必要的作业空间及盲目追求高消费的后果未予考虑。

乡村住宅，因其单体是那样的微不足道，而常为人们所忽视。然而，从社会的广角审视，住宅是家庭的物质形态，家庭是构成社会的细胞。城乡居民的住宅建设，实际上是一项耗资巨大的工程。个中些微的革新，推而广之，就可能获取非凡的社会效益和深远影响。从这个意义上说，对乡村居宅的研究和开发，在国民经济总战略中的地位不可等闲视之。

上述三种类型的乡村住宅现状，都不能一成不变地沿着各自的道路孤立地继续，它们必将在新的社会生产力条件制约下，彼此融汇演进。在这个过程中，还可能产生种种问题。而本科研专题的作用，仅在于促使这些问题登上科技之舟完满过渡。

以传统观念为基础的旧式住宅，体现了数千年历代祖先积累的对村落选址的环境意识经验，显示了他们对房屋的安全卫生性能及原始建材的认识和理解。但由于封建思想的束缚，又充分暴露出小农意识虚荣不实的保守性。

以改良观念为出发点的第二类乡村住宅，实质上是舍弃了自身的优越性，而效法城镇多层住宅本来就不完备的程式。显然，那是限于过去不发达的条件。而当前出现的住宅豪华热，实际上是第二种乡村住宅类型在新的经济形势下的继续。如此倾向的重现，不能不令人注意到其繁华景象的另一个侧面，即一种新的盲目性又开始泛起。

乡村住宅科研的关键并不是在于仅仅将现存的三种基本情况予以综合，也并不只是市场上眼花缭乱的方案竞赛和房地产广告。我们的起点似乎应该提高一些，这个立足点也必然与国家社会长远的宏观策略联系在一起。

中国科学院国情分析研究小组向国务院提交的中科院第二号国情报告指出，我国现代化建设必须选择与发达国家不同的资源使用方式，即非传统的道路。这条道路的核心是建立一个低度消耗资源的节约型国民经济体系。报告指出，预计21世纪20到30年代，我国总人口将达15亿。那时，人均耕地指标将下降到0.08公顷，人均水资源量只有1 800立方米，以水土为中心的农业资源将接近其承载力的临界状态，能源利用面临严峻的局面。报告提出的基本对策中，呼吁科学家们把科研设计的重点放在开发应用新材料，寻找紧缺资源的替代物等新手段上。

"节约土地，保护耕地"是国家列为与"保护环境"、"计划生育"同等重要的基本国策。仅1990年，我国全年生产的4 500亿块黏土砖，需耗土9亿立方，挖去耕地8万亩，烧砖耗能1.5亿吨煤，占全国能耗总量的15%，运输量达200亿吨千米，占全国短途总运输量的六分之一。如今，房屋开发热潮真可谓风起云涌，全面展开，上述消耗更是成倍猛增。如果全国乡村住宅建材继续依赖砖瓦，这又是一个惊人的天文数字。尤其江南农村，挖去肥沃的土壤烧造砖瓦，圈占大片宝贵的耕地充当宅地营建"度假村"，以无限的生源换取有限的"投资"，无异于砍树摘果，实令子孙后代遗憾千秋。在这种情况下，乡村住宅发展策略的研究应属燃眉之急。

近年来，国外出现一种"智能"建筑，采用信息技术，由电脑对建筑物实施高效的管理，为使用者提供优质的服务。随后，又出现电脑化住宅，通过电脑根据气象变化来控制室内气候，甚至实现自动化。毫无疑问，在军事或科研作业空间，采用新技术编制整套自动控制系统调度运作，确实为国防安全及尖端技术产品的诞生创造了条件。电脑住宅也能够为必要的居民提供方便，提高效率。然而，在普遍情况下，人居空间过分依赖装备的特效，有可能削弱自身的适应能力。我们切不能忘记，充满变化的自然世界才是人类赖以生存发展的基础环境，天体时令有规律的正常运转与人体生理循环息息相关。作为大自然的产儿，人类必须与自然的脉搏共同跳动。享受自然环境的风雨洗礼，人们才有情绪欲望之萌生，才有适应能力的强化及反应的敏感。人非物，不是机器的工作对象，而是具备运动和思维性能的生命体，须要经受发展变化的挑战考验，从中活跃生机,孕育创造力。因此,在建筑物妥善的保护与调节之下,充分有效地汲取自然所赐予的营养与活力,这一直是人们之希望所求。如果忽视对住宅建筑自身性能的探求与潜能的挖掘,而一味地依赖装备来谋求舒适,甚至以昂贵的代价,牺牲了大环境的生态平衡,去筑造急功近利的“诺亚方舟”,如此舍本求末的迷恋,只能说是一种小智大愚。

本专题关于乡村住宅的设计思想可以归纳成为下列几条原则。

(一) 充分享用乡间(或现成特有的空间)优越的自然条件;(二) 借鉴古今中外建筑科技文化领域的有用成果;(三) 尽量珍惜能源并减少对于装备的依赖;(四) 促进建材的真正革命,建树合理的构造体系;(五) 回归到建筑本身功能的自我完善。

基于上述五点,我们从本专题“乡村住宅设计新构思”开始,实行我们对未来理想住宅的历史性探究,让“自善建筑体系”接受下一个世纪生活实践的考验。

本科研专题设计项目定名“天堂村一号”住宅,位置在某城市郊外一处依山傍水向阳的台地。土壤成分砂质,地势略向东南倾斜,历史上无战争破坏和病疫流行,也不属于地下资源开采区或文物古迹区,且远离高压线、广播电视发射塔或雷达站等电磁辐射源。有现成的绿化条件。交通方便,处于通往城市主干道一侧的支干道之终端,远离闹市区。住宅坐落在前后庭院之间,围墙采用实体封闭型,为的是控制户外宅围的小气候,使室内对气象波袭时备有缓冲带。后庭及宅西侧布置乔木或竹林,前庭以灌木草皮为主,栽种宜地的环保植物。宅前除绿化外,设有露天场地及半露天葡萄架,以供需要时架篷盖棚之用,并考虑雨廊及停放车辆机具位置。后庭布置工场间。对于禽畜圈养问题,目前意见不一,但持发展观点看,小农方式的家庭饲养已不符合大趋势及环境卫生,乡村饲养业已有专用房的建设,故本设计不予考虑。

住宅的主体构成借鉴传统民居的立帖构架及古代金釭构节,将钢筋混凝土预制梁柱用钢构节联结,形成框架。墙体用高强塑料混凝土条板内衬保温隔热的“三维板”填充框间。楼板屋盖以专门设计的高强塑料混凝土拱形板架设(上述塑料混凝土产品另行开发)。

本设计力求发挥建筑构造的自治性能,实现冬暖夏凉,以减少能耗。措施是以井下地温通过水烟筒式的土法原理过滤空气引入室内,吸取苏州民居“蟹眼天井”拔风的经验,依靠自然风力,造成室内负压,抽取井下的温凉净气,排出室内废气以保持室内柔和的新风换气循环。有条件的地区,尚可在屋顶安装太阳能热水器,供给热水。还可以在户外适当的地方设置沼气发生池,提供燃能。

一般的窗户是采光、通风、观景三能合一的,沿窗物件常被风雨吹淋。本设计将风窗改置上部和下部,上部高窗可启闭,且透光,可直接摄入阳光。下部低窗可启闭,不透光。中部为双层玻璃景窗,外层为吸热玻璃,冬天关闭,夏天可以向外开启;内层为热反射玻璃,夏天关闭,冬天可以左右扯开。两层窗间悬挂百叶。

门窗在春秋季或必要时可以开启。当关闭时,屋面的拔气装置在风力的作用下仍将带着地温的过水净气抽送到室内,保持着室内始终平缓的"呼吸"状态和纯净的空气质量,从而使一般建筑门窗关闭时不透气的情况得到根本改善,只是在拔气井栅口须装活阀,以利防火。

本设计强调建筑构造的意义,丝毫不排斥设备的地位。水电采暖供排系统仍然必须或者可以按常规实施,共同的目的是改善室内环境,节约能源消耗。当然,是否不用或少用装备,我们只能尊重实践和用户的选择。

根据上述构思,"天堂村一号"住宅体系方案简图详附于文后(本文从略)。该住宅方案与现行的旧式住宅建筑相比较,具备明显的优点。我们有必要首先在理论上作一番经济技术性能效益的初步分析。

本设计的抗震性能与抗裂性能均比现行砖混结构住宅要好,因为大部分采用高强轻质材料,且联结紧密,无论在震害、风害还是水灾、火灾的情况下,都不至于整体散架或崩塌。也正由于自重轻(约比普通砖瓦住宅减轻二分之一),强度高,其综合造价亦可比普通住宅便宜10%左右(不包含待开发研制的构件)。

新的住宅墙体屋面保温隔热性能远比旧式住宅良好,仅10厘米厚的板体,其热阻值就能超过50厘米厚的一般砖墙(前者1.2平方米K/W,后者仅0.65平方米K/W)。在多雨地区,砖墙容易渗漏、受潮、发霉,黏土砖吸湿率为1.5%,而本设计复合墙体仅为0.7%。其隔声效果也优于普通砖墙。防火性能方面,复合墙体耐火极限虽低于砖墙,但因其属于非燃烧体及阻燃材料,仍能符合消防要求。

最主要的是室内环境质量相对完善,有益于居民的健康。旧式木构砖墙民宅是漏气的,酷暑严寒、风雨及一切污染源的侵袭与危害对室内几乎有直接的影响;旧式的砖混住宅则过于封闭,当换气率处于0.4次/小时以下时,室内有机物的霉变、人体自身分泌排污、建材溢出的放射性氡、装修及家具散发的甲醛、固体微粒尘埃、烟雾，加上化肥农药等霉素长时间的慢性侵染，往往是许多疾病的诱发因素。本设计既解决了室内的透气性，又克服了漏气性，有效地抵御了外界的波扰，使环境质量得到一定程度的控制。虽然可能不及高消费大耗能装备之舒适，却能在经济、卫生的前提下，保持室内正常的环境状态。

本设计方案在室内环境质量的各项指标上不要求取得绝对的理论数据。因为本专题设计思想认为，在人居空间，如若规定某一个绝对的质量值，并不利于人们与室外骤然不同的环境质量相适应。室内外环境情况的变异应是同向同步但不同量的关系。例如，室外气温骤变趋冷，室内应是缓变趋凉，室外狂风暴雨，室内仅是湿度微增和气流加速而已，而只求与自然的运动节律相感应。

乡村住宅建筑构造与室内环境的优化设计促进并刺激着建材的真正革命，在建筑材料中，塑料建材乃是具有发展前途的品种之一。据统计，全世界有25%的塑料应用到了建筑上。在另一方面，严重的塑料垃圾公害又困扰着人们，变废为宝的事业虽然要付出一定的代价，但终究是一本万利的经营。但愿我们下一个专题探讨有助于这方面的突破。

包括乡村住宅设计在内的建筑业的出路，除了造型艺术上千变万化的创作追求之外，靠的是对建筑自身功能潜力的深入挖掘与完善，靠的是形体构成的革命。当然，优良的室内环境之造就更需业主或住户在丰富的生活实践中妥善操持。

正像美国“建筑技术中心”(C. B. T)环绕着建筑科学的基本宗旨而工作的各门专业的科学家那样，我们作为建筑师，也应在各自的领域中深入探索，致力于建筑自身功能不断完善的研究。这既是建筑师的天职，又是一项须要依靠相关行业专家和工程师们大力协同的系统工程。

“天堂村一号”住宅的软科技设计研究仅仅是起步。站在建筑史的高度审视，这可能是充实现有筑造观念的一项探索性的试验。真理的大海漫无边际，从认识到享用大自然的恩赐，我们尚缺少能力和手段。住宅、建筑、环境科学恰似一棵参天大树，结满了丰硕的美果。我们是上树摘果呢，还是倒树摘果？抑或是撼树拾果呢？本科研专题在目前进程上，仅仅是属于后者的一次微薄的努力。

苏州市科委1993年度软课题研究获奖论文

墙体改革　任重道远

记得是在20年前，国家建委建材局在南京举办了一次关于新型建筑材料与墙体改革的大型展览。笔者受命参加并经历了为时两个多月的筹备工作和设计展示的陈列过程。虽然很忙，却是一个很好的学习机会。当时接触到较多关于国内外墙体革新技术、产品开发研究的工程实例，还有一些与生产工艺相关的技术信息和行情，觉得对这个关系到未来建筑事业发展趋势、具有促进与直接影响作用的科研课题，怀有浓厚的兴趣。

然而，这些年来由于一直奔忙于具体工程项目的设计事务，对建材应当如何合理地应用，简直无暇顾及，特别是受习以为常的墙体砖材之传统依赖性的惯性束缚，竟渐渐地淡薄了对于资源节约与环保理念应有的责任意识。对于这件事，当今现实的心态像是悬挂着的疑难，既挥之不去，放心不下，又限于条件，欲行不能，提升不起。在本人早年对文物古建的接触中，深感秦砖汉瓦数千年普遍的广泛沿用，虽卓具淘汰不掉的优越性，但大规模的资源消耗和技术上的保守性，已经不是时代发展的进步方向了，长此以往，无法摆脱落后的状态。因此，墙体改革已是势在必行、刻不容缓的当务之急，必须要切实地抓紧进行才好。最近这些年来，特别是目前，全行业各方志士仁人都已行动起来，积极投入建筑科技创新的热潮中，为现代化建设努力奋斗。

我们周围有相当多的同行，在完成本职工作的同时，还自觉地为所设计的项目搞技术创新，以提高工程质量。笔者身边就有一位年轻的工程师沈向东同志，他不仅保质保量地做好日常的设计实务，还夜以继日地帮助笔者完成了省建设厅标准设计协作办公室布置的任务：编绘一套适合当前使用的旅馆建筑标准图，按分类共有上、中、下三册，计189幅建筑构件详图。该图集自从1994年年底出版后，发行量很大，且多次再版，在一定程度上缓解了全省建筑设计师的工作负担，协助他们便捷地套用省标通用图，以完善实现每一项目的设计深度和进度。接着,沈工又马不停蹄地主动请缨,为了解决墙体构造沿袭了许多世纪不变的砌体形式,跟上发展的形势,大力推进从砖墙到板墙(也可以称为幕墙体系)的进化。于是,领导决定,让我们俩去北京中国建筑科学研究院参加“玻璃幕墙设计、制作、施工及检测技术”的专业培训,于1995年4月10日,经考试及格结业归来。虽然墙板体系早已是全国乃至全世界已经创造成熟的先进技术,而且幕墙技术也已风靡全球,但是,江苏地区必然也应有一个普及进步的开端。从此,我们这个甲级设计研究院又增加了一枚由建设部颁发的幕墙专业技术审核资格证书和印鉴。也许这还标志着地区的墙体改革进入了一个新阶段。

在这个基础上,我们又配合非金属矿工业设计研究院、上海及福建的石材研究和施工制作部门,通过对上海若干高层建筑的调研,编制了一套实用的干挂石材幕墙标准设计通用施工图,即为干将路中国银行大楼设计的我市第一套石材外装修详图。该图纸用来作为第一个施工项目的是竹辉路正对南园桥的中信银行大楼(因为中信银行先于中国银行施工)。这份图纸的底图后来给弄丢了,幸亏我们事先做了一套二底图作为备份。以后,石材幕墙才开始普及至全城主要建筑外立面。

在推广新工艺的多项实践中,我们发现,干挂各质墙体板材的幕墙工艺并非仅限于高层,多层和低层建筑也同样适用。于是,系列化的板式建筑从构造技术上为建筑营造业预制装配产品的工业化生产创造了条件。接着,随之而来的又是建筑外墙的防火与保温隔热性能等新问题,这些尚需进一步研究。如何协调各类矛盾的交叉,则更是越来越显得复杂的难题。但我们认为,建筑设计与施工营造的工艺与科技,需要相关各行各业的大力协同,相互促进,除了材料和构件生产行业的创新和鼎力支持外,建筑师本身对形体及其空间的塑造与具体探索才是业内的本分。我们确实需要依靠各专业的配合,但不能光是依赖装备和能源来解决所有的矛盾和困难,最重要的是要发挥建筑构造原创的智慧本能。可以寄希望于改革所提供的机遇,但仍须利用有利的条件,从专业的主体本身深入挖掘可以开发的潜力。

有感于此,我们对于日益丰富的各类新型建材与设备产品信息,作了有系统又较为全面深入的功能概括与指标的认定,掌握了一些材料科学的知识,认识到应当虚心向业主与材料厂商请教,及时了解使用者反馈的信息。而对某些设计师在门口贴出“材料商请勿入内”的拒访做法表示不可思议。当然,对于材料或产品质量的优劣,也应作如实的分析和鉴别,特别是对于许多尚属试验阶段或摸索过程中的质量成果及测试数据，还是要实事求是地作出严格的判断，切不可以轻信商业广告文过其实的夸张，甚至应严防被以次充好的倾销行为所蒙蔽，因为任何产品都有可能存在欠缺。但是，关键是建筑师应掌握好“将正确的材料用在正确的地方”，这是最高的原则，要防止“权宜之计”留下的问题给今后带来更多麻烦。

对于墙体材料及功能的开发，我们正处在改革过程中最艰难的阶段，真可谓“任重而道远”。来自国外的先进行情，对我们来说，可以是一种有启发意义和参考价值的样本，但是绝对不能靠大量进口，而应自主开发。我们具有巨大的人才优势，难道就不能发挥人才潜在的智力能源？是否应当尽可能发掘、提取物质循环中的自然潜能，大力兴办科学指导下的“垃圾再生工业”，变废为宝，找到化解困难的转机？这庶几是一个具备长远意义的关于可行性技术经济的谋略。

1995 年 8 月写于苏州市建筑设计院

设计的工程意识

——由一起工程事故引发的思考

这是一个寻常得不值一提的话题，说起来似乎还有涉“小题大做”之嫌，然而，却分明是个最基本的理念、最不容疏忽的意识，人们对此，往往还不以为然呢！比如说，有这么一个工程师，在前辈为他创造的条件下，被培养成一个小头儿，或者叫作领导，他因此而得意忘形，沾沾自喜起来，于是就目空一切，看不起同伴、同志，甚至老师；再于是呢，就会孤立自己，事态竟然会颠倒过来，反而让群众都“敬”而远之，至此，他怎么去领和导哇！中国有句成语，叫做“忘乎所以”，这个“所以”，指的是“本分”，或者说是“适宜之举”。如果忘了适宜，那就是他不适宜的开始。同样，一个做工程设计的，往往以为自己是工程的“龙头”，只要把设计做好，接下来的事情就是等待大功告成的锣鼓声了。其实则大谬而不然！要知道：每个工程项目的主体，是“工程”，设计仅仅是主体中的一个必然的过程，或者说是程序而已。上学读书的时候，老师总是讲一大堆关于“工程”概念的来历，大概都是从西方的教科书上抄来的，什么希腊文的原意呀，历史延伸而来的英文词汇啦，等等。其实，中文的含义最确切，也最直截了当：“工程者，工作之程序也。”这个理念很平常，也更重要，否则就会出问题。一起工程事故的发生，可以让我们警悟到触及灵魂！

昨天傍晚，笔者应苏明装饰公司之邀，出席了在南门人民桥堍“东方威尼斯”酒店举办的晚宴，同桌的有苏明公司朱总及有关领导，还有二建集团公司、市建管处、质监站等单位的负责人。与会者一致对该酒店工程的土建及装饰装修工程竣工质量作了满意的评价。席间，在谈到发生在四天前的中国银行在建工程工地，那起模板支架坍塌事故时，众人的表情个个皆凝重。坐在笔者一旁的那位戴眼镜的先生谈及事故发生属“施工技术管理”问题。随即，他又委婉地轻声对笔者说：“建议今后设计时不要做重梁。”顿时间，我的思绪被引到三个月之前……

那时，笔者奉设计院设计三所顾所长之派遣，赴中行工地任专事室内外装修及土建深化详图补遗的现场设计，着手苏城第一个石材幕墙的设计及其与室内装修的配合事宜。当时，曾对主体共享空间的屋盖做法怀有疑虑：为什么对大跨度屋盖构架做那么厚重的混凝土大梁？虽然负责结构设计的是我院最有经验的工程师，但“肥梁胖柱”毕竟不能符合建设方针中“轻质、高效、多功能”的普遍原则。据说是模仿北京“天伦王府酒家”的样子。我怀疑，北京怎么会这样做呢？确实有些百思不得其解。

那天，即 1996 年 10 月 29 日，我要求去北京看一下那样的设计会是个怎样的效果，装修设计该如何适应……10 月 31 日，我赶 9:50 的航班赴京。次日，去该酒店，发现并不是传言所说的情况，屋顶是钢构架，玻璃屋盖，下面的“梁”是装修做出来的。正想马上赶回，又偏逢北京站“黄牛”票贩作难，只得找老同学帮助，购机票回苏。路费是顾所长给我报销的。他还劝我别再计较，反正设计没问题。谁知道仅仅 72 天后，1997 年 1 月 15 日下午，竟发生了一件轰动苏城的三级重大工程事故！当市长赶到现场时，当初阻挠我赴京调查的那位，坐在市长边上，吓得面无人色，已判若两人。那天晚上，笔者被目睹的惨相惊扰得不能入眠……

从这几天不平静的思绪中再回到现在这张餐桌上，笔者真不知该如何感谢苏明这位先生的提醒，我们确实应该重新正视工程设计相对于工程主体关系的全面认知。想到这场灾难，虽然直接责任人就是那个罹难的包工头，但是作为一项系统工程，包括设计在内的有关各方，是否都存在着一个关于工程意识普遍淡薄的基础理念问题呢？工程意识是为社会需求而造物的思想基础，设计支配着以物质材料塑造形象的程序，应该像导演那样关注塑造艺术形象的全过程，特别应关注现场，包括工艺难度、风险评估及施工安全的人性化关怀，完善地为物化构思中的形象而进行着的施工环节着想，为项目进行的全过程提供持续的现实考虑。我们荣获的一个个奖杯，都是工程建设中，包括规划、市政、投资、施工、材料、设备和管理诸方面，还有社会各界相关部门和行业大力协同的结果，是工程整体给我们分享的荣誉，要有相互关照的自知之明才行。总之，在任何情况下都要记住：不能忘乎所以，这个“所以然”只能是促进、本分、适宜和互助，而决不能任性阻挠、干扰或出于其他不可告人的私欲及一切不开化的低级趣味。要永远记住：设计的工程意识是每一个称职的工程师基本的修养和人性的素质。

该工程最后还是由一家部级设计院采用钢构架、玻璃顶的当代技术完善告竣。事故所付出的代价是惨重的,应记取的教训是深刻的,永远不能忘记!

据了解,在建工程安全事故的发生原因,属施工脚手架及模板坍塌所造成的伤亡案例,在建筑安全事故发生率中占极大的比例。绝不能为了赶工期或者图经济效益而压缩对施工机具、器材设备充分的安全投入。全行业、全社会都应当关注工人生命的安全及其家庭的幸福。

1997 年 1 月 20 日写于苏州市建筑设计院

愿为砺石

——为杭州商学院环艺专业首届毕业班所作的辅导讲座(摘要)

同学们好!

牛年新岁,大地回春。此刻的西子湖畔,正是群英荟萃、含苞待放的明媚花季。在我们充满希望的校园里,同学们历经多年勤奋的艺苑耕耘,终将修成正果。当此迎获学业丰收的关键时光,为配合各位行将毕业的设计教学,应贵院卞宗舜教授之约,五天前,我从苏州来到久别的杭州,经过一番虔诚的考察学习和观摩,非常高兴地看到:风景秀丽的杭城正是锦上添花,好上加好;同行们成就卓著,同学们刻苦认真。昨天,在跟卞老师的交流中谈起,苏、杭两个"天堂"城市,应当遵照我们的老前辈吴冠中先生曾经的教导,在江、浙"长三角"地区,为发展吴越文化特别是建筑与环境艺术事业的当代进步,做一些承前启后的探索,尤其是在专业教学上。

处在当今科学发展的时代,我们应当紧紧跟随形势,多为后起之秀们提供及时的鼓励和促进,让他们尽善尽美地发挥青春的优势,光前裕后,为社会文明事业建设多做奉献。我这次讲座的题目借用古罗马诗人贺拉斯的一句至理名言:"愿为磨刀石,虽不能切割,却使刀刃锋利"①。为的是期望各位能够在理想的学习环境中,尽致地发挥出毕露的锋芒,脱颖而出,谋求在学术创作和设计事业上有所突破和建树,进而实现新的飞跃。这也是我们共同的心愿。

这里,我就近年来在环境艺术创作设计领域所接触到的几个问题,谈一些看法,为大家提供一些思考的话题。

---

① 贺拉斯:《诗艺》295。见伍蠡甫主编《西方文论选》(上卷)第112页,上海译文出版社,1979版。

一、关于毕业设计

我们在上图案课时,老师经常会随着教程的进展布置一些课外的习作思考题,其中,也许有几道需要在日常持续积累中逐步酝酿成熟的命题,比如“我在大学时代生命里程碑的图案”。那时,同学们的热情都会普遍高涨起来,浮想联翩,认真地展开活跃的形象思维,通过概括和凝练,反复地琢磨推敲,萌生出许许多多极富有个性风格特色的深刻创意。这类生动有益的操练,集中起来,足以举办一次别开生面的专题展览。事后,大家都会兴奋地领悟到,这场趣味活动对今后的创作大有裨益。具体的过程及其心得,可能各位都不同程度地留有难忘的亲切回忆和体验。

“攻在学校,克行社会”,毕业既是结束也是开始,是奔向下一段旅程新的起点。从这个意义上说,毕业创作是践行我们竖立起人生第一座成功里程碑的“实弹演习”,让我们经受现实的严峻考验和权威的神圣洗礼,从而获得时代社会对我们价值能量的评估和地位身份的确认。浪漫的比喻,即如幼虫发育成蛹,静修得道,破壳化蝶,然后自由腾飞,诗意地完成这样一次生命进化的蜕变。相信同学们都能够以足智多谋的能力、信心和勇气,豪迈地穿越这道辉煌的凯旋门。

如何按教学计划实施复习准备、酝酿选题、考察调研、创作方案、精心设计、编写论文和制作文本等,都已由老师们具体筹划和安排进行。而这里须要特别提示和关照的,则有如下几点。

首先,从现在开始,宜集中精力,始终秉持着一种沉着、从容的心态,特别要规避各种影响正常生活节奏和情绪的干扰,如同运动员迎赛前要宁静自若应对一切,以保持临场正常发挥的竞技状态。

其次,对我们来说,维持心理和思维的敏感性和自信则非常重要。无论您目前的成绩已经有多高还是多低,您毕竟几经努力,积累了不少可供利用的“资源”和优势,应当充分有效地学以致用,而且用在最关键的地方,竭尽所能,不可浪费,也不得闲置,这就须要预先详尽地分析认知,即如理牌那样,该出手时就出手,考虑如何最大限度地发挥作用。

再次,在可能出现困难的情况下,宜千方百计地借助上述哪怕是微弱的优势,以主动克服被动,发挥艺术规律中智谋应变的策略,化险为夷,实现巧妙的转机。

总之，因为我们是学艺术的，艺术的学问并不单纯地局限在物质造型、造物，或者统称为造“器”的可视形象层面。学会做一只吃饭的碗，就能“满师”而“出道”了吗？不是的，实际上还远远没有触及艺术“道统”的表层。至此，让我们再回到毕业设计的话题上来。此刻，甚至关系到今后，最主要的是应当稳定两个立足点，把握住一个重心。只要在这三个问题上能主动应对，您的艺术道路就可能是走顺了。那就是：对于环境艺术这个专业有益于人生和社会进步的坚定认识；对该专业特有的装饰语言之应用有深度的基础理解与应用技巧；对文化意蕴这个创作的切入点作为重要的核心主题有充分发挥的施展能力。接下来让我们分别细谈。

二、关于环境艺术

在教学大纲关于课程设置及专业教案的编制上，老师们的经验给我很大的启发，尽管这个专业在我国还很年轻，但是对于我们来说，深深地植根于杭州地方本土文化沃土中的“环境艺术”这棵擎天大树，已经是活生生的珍贵教材。当然，这还是我们今后有待开发的得天独厚的资源。

从世界文明史的高度审视，环境艺术具有特别宽广的发展前景。每一个国家和民族处在经济高速度发展腾起的情势下，属于文化艺术的环境文明建设对于社会进步这个终极目标的价值意义是不能低估的。有两点应当特别关注：其一，一些文明进步的“发达国家”，它们没有一个是不重视环境艺术建设的；其二，没有一个明智的“文明”国家会让自己的本土受到环境污染的伤害，而是一心一意地专为本国的国民优化艺术环境。此外，更有深刻的历史教训可以证明：古今中外诸多曾经辉煌，却遭遇失落的文明，几乎都是因为没有把握住经济发展的良性循环对文化艺术得力的文明支撑，而不自觉地丧失来之不易的持续发展时机，轻易地任经济盲目膨胀，最终，因失去理智而随愚俗腐败的浊流堕入深渊，从而导致崩溃。中国历史上的明代，或许正是因此而不能借经济繁荣成功复兴，竟日趋衰落，造成若干世纪以来祖国遭受列强欺凌的悲惨屈辱历史。我们必须记取那痛失良机的前车之鉴。痛定思痛，如果有一个良好、积极、健康和文明的社会环境，就不可能酿成荒唐的历史悲剧。今天的杭州商学院能清醒地办起环艺专业，在此商业促进经济的时代大潮中，能高瞻远瞩，重视环境艺术的社会功能，证明我们学院的办学方针显示着高贵的宏观胆略与明智的历史觉悟。环境艺术的熏陶和教化能潜移默化地促进人民的健康、道德、幸福和智能的提高与开发，这已是当代社会精英尽然熟知的基本策略。专业教育通过环境建设营造促进稳定持续的良好秩序，让人们“诗意地栖居”在自己美好的家园，而首先应让我们从事环境艺术创作的匠师们深知：“伟大的艺术就是处理环境。”[①]有这种充满着爱的敬业精神，我们的毕业创作设计将无愧于哺育我们成长的圣地：杭州的母校。

三、关于设计的艺术语言

语言是人类最重要的交际工具，是为一定社会利益服务的传媒体，也是各门艺术用以塑造艺术形象、传达审美感情的物质表现手段。没有语言也就没有艺术作品的存在。关于创作的语言问题，老师们在“艺术概论”课中都已有理论上的详尽指导，这里不再赘述。不过，在艺术创作实践中，经常有词不达意的普遍感觉，也就是难以用言语和文字来表述清楚某种复杂的感情，特别是艺术感情。“常恨言语浅，不如人意深”，这是唐代诗人刘禹锡无奈的感慨，直到现在还是那样，这说明艺术感情的丰富性，即使是当今高度发达的现代语言，也表达不到与意境情态透彻一致的深度。然而，艺术是用情感来鼓动人的文明力量，人类要发明一件得心应手的工具，也许并不太难，而要创造确切到位的语言或词汇，能充分表达某种莫名言状的情意，则依然很困难。并且，环境艺术的语言还具有某种复杂性，虽然它同属造型的空间艺术，可运用形象思维的语言、装饰性的词汇来传递思想感情，可是，在环境艺术的设计创作中所涉及的思维形象，有可视的、可触及的物质形象，也还有如同音乐那种时间艺术的不可视形象，更有其他仅可感知的物质变态形象，而且是动态的流体形象，包括时空及多维度的综合形象，如光、色、声、温、波、气、味等综合的物质形象。形成这种复合层次的形象思维，需要创作者全身心地投入体验，然后在作品中塑造典型。这就要求我们不单纯是编制一个书面的文本，而应在设计表达手段上传递明确的信息要求和效果，融入技术性的结构性语言。

上述对语言的考虑，仅仅是对艺术的形象思维进程中特定语境间传递内在

① A. N. 怀特海：《科学与近代世界》第193页，何钦译，商务印书馆，1989年版。

联系时相互呼应或顾盼的提示，作者融入境界并介入艺术环境中感情的交流，才能点活环境性格，并通过艺术的精神感染之诱导，引出进步的文明情趣。在毕业设计之前，不妨先选择一条主线或单元，视若干物态为有生命的虚实体，从“友情对话”中用心体验。建议认真观摩一下英国雕塑家亨利·摩尔为特定环境创作抽象雕塑的组织手法，看他如何运用形体的情态语言对常态边界，实现感应性的“穿越”，以表达贯穿于环境空间中跟周边景物活跃地沟通着的情景主题。这也许对我们有突破性的启发。

四、表现在文化的深层

在历届毕业答辩过程中，普遍出现两种情形：一种是拘谨有余，活泼不足；另一种则相反。前者比较严格认真，但容易流于概念化的平庸；后者宜把握适度，有侧重地发挥。我们可以在设计作品、论文及答辩环节中相互协调地表现。总之，须要明确的一点是：没有深刻而且鲜明的文化意蕴的创新，依然是一种欠缺，创意要有一个坚实的文化依托。在这方面，应厚积薄发，充分准备，哪怕备而不用。有的同学头脑里的点子很多，原因是平时观察生活能敏锐地“熟视有睹”，善于触景生情，迅速反应，临场发挥，生成一个又一个主意；也有些同学富有精于选择的能力，能防止整体结构与过程的松散，做到言简意赅。因此，要将精力集中应用在最适当的地方，难免要经过一番弃取。这里特别要关照的是：文化内涵是核心主题的重点，它能激活艺术环境生动的感染力。

举一个例子说明。香港回归祖国前，中央决定赠送香港特别行政区一件纪念厚礼，由中央工艺美术学院常沙娜院长主持的设计团队创作了一件大型青铜鎏金雕塑《永远盛开的紫荆花》，在 1997 年 7 月 1 日上午回归庆典时揭幕，耸立于中环广场，成为广场环境艺术空间的一个璀璨亮点（见图 1、图 2、图 3）。由一则从中国古代传颂至今的优美佳话，关于田真兄弟团结一心，坚持不分家而让祖传的生命之树常青，让美丽的紫荆花永远盛开的典故①，引出崇高的文化意蕴，使象征着祖国强大与团结统一的神圣历史丰碑光耀千秋。雕塑纪念碑方圆的基座寓意九州方圆，环衬的长城象征伟大祖国，永远盛开的紫荆花寓意香港与祖国一起永远繁荣昌盛。环境艺术的点染和烘托让民族自强的觉悟在新的

① 吴筠：《续齐谐记》。

时空中提升。奋发图强的新境界鼓舞着全国各族人民精诚团结，其无比强大的凝聚精神使人刻骨铭心。

图1

图2

图3

另有一个对比性的例子，更能启发我们从差距中寻找努力进取的方向。苏州某校有个环艺专业学生，接受了一个旧城改造项目，那是关于修建泰伯庙的工程，做了一个方案。我看了之后发现一个情况，即与刚才前面所谈的那种流于概念化的作品相似。这是当前常见的通病，宜引起教学上的重视。

设计历史人物的纪念建筑及其内外环境，宜有时代的真实性和典型性，可以是现代结构，但不能仅以仿清式的佛寺庙宇形式的房子来纪念不同历史时期的建筑与室内外空间形态，而且须要有跟那个历史时代相应的文化意蕴来烘托环境。设计是需要研究的，不是标准螺丝可以到处套用的。我对这位同学说，这个庙，或者说这个纪念馆是用来纪念这个人的，而此人在历史上有何值得纪念的理由，应当先搞清楚。三千多年前的那个泰伯奔吴，从中原到江南来，必然会将他们那儿先进的文化带到这个落后地区来，开发我们的环境和生产，这是他的历史功绩。形象思维就是要把我们的思维形象化入他的行为、技能和工具等方面。他本身并没有留下著作和实迹，尚需要我们通过考古发掘来取得实物，那么我们能否通过文物来复原当时的形象呢？答案应该是肯定的，那就须要到博物馆去找。浙江余姚有个河姆渡文化遗址，发现有新石器时代许多珍贵的文物，其中有卯榫结构的木质建筑屋架，有石制的刀、斧及耕田的犁，那么我就认为这石犁正是发展农业生产力最好的证明，这个意义是多么重大啊！我们浙江的同行们为这片遗址建起一个现代结构的河姆渡遗址博物馆，室内外环境、陈列的遗物都是经过科学发掘出土的真实文物，该博物馆的建筑形式也是根据发掘出土的构架复原成的干栏式结构，采用了卯榫构造的典型做法（见图4）。这样一比较，我们的泰伯庙显得太浅薄了，真有些羞愧。苏州的博物馆里也有许多珍贵的文物，不能排除有泰伯时代的实物，至少江南肥沃的农田必定经过石犁的开垦，那么，用石犁的形态制作一个抽象雕塑也许是很有意义的环境形象。这样的设计，以建筑及内外环境融汇一体的综合思维来经营环境艺术工程，该有多好啊！

图4

同学们，这是我这次来杭最大的收获，发现苏杭之间的差距。而你们要珍惜杭州固有的优越条件和基础水平。

祝你们成功！谢谢。

1997年3月28日于杭州商学院

感悟那道边界

——品味园林小记

从小在家乡金果满枝的枇杷园中滚爬，在周庄沈厅后院那座廊桥里听橹摇，梦幻童年的岁月，全浸泡在山池林间的春花秋月里。或许正因为如此，报考研究生那年导师竟劝我："把机会留给你同窗小 Z 如何？他在边疆，你呢，其实身边的苏州园林就是最好的导师了……"为这，吴冠中老师来苏讲学时特地为我开了"小灶"，补上了一堂生动的环境艺术课。记得那是 1980 年 4 月中旬，一个宁静的夜晚，吴老师不辞白天终日的辛劳，给我讲述了他带领研究生夜游网师园的深度体验。"园林不能失去幽静，"他说，"体验园林意境须要静游，而且在不同气象条件下潜心体察那种来自自然世界各种能引起联想的感觉，让形象思维的神游之心突破世俗的无形壁垒，潜越那道启蒙的边界，让激活的智慧捕获灵感。"

真该庆幸偶获的机缘，在园林师友的帮助下，我亲身体验了一次静游的"味道"，闭园后园林的环境气息确实不同寻常：停息了游人川流不息的喧嚣，庭园空间才复归固有的朴实与幽雅。夕阳浸染的往日熟视无睹的一切，此刻却变得有些异乎寻常甚至似曾相识的新奇；一种莫可名状的亲切与兴奋感油然而起。轻轻摇曳的拂墙花影，翩翩欢舞般的摆幅跟我的心律呼吸谐然共振，物我交融，激越畅怀，所谓"心儿在歌唱"想来就是这韵味。偶尔，远处断续地传来秋虫低鸣，似是宇宙深处的天外隐约传来生命信息的呼唤。而池边如珠落玉盘般的叮咚水响，分明在清脆地提醒我：眼前这片沐浴在金秋黄昏馨风淡月中的寂静世界，看来纯属你身心拥有的时空，其实只能珍惜而无法收藏。这宁静安谧的时光，席卷一切，也运载着人的生命之舟，朝着不可逆转的方向流泻，流泻。随着落日余晖的层层消隐，也伴着月亮的皎洁清辉，一层又一层地流向莫测幽深。看那粉墙上、水池底下的光影，还有廊檐边缘及庭庑相贯的暗处，只要用心去揣摩，不都流溢出深邃无穷的境界来吗？嘿，说起来可真奇妙，神秘感瞬息剧增，渐渐渗开弥散到周围的每个角落。浮在如镜水面上的“濯缨水阁”，昂然起翘的戗角，像向我们伸出温情的双臂。两边镶缀着书带草的弹石路如同迂回曲折的地毯似的从黛色的树丛间向我脚下延伸过来……

猛地里有些晓悟：路，不正在脚下吗？

网师园启蒙的灯火，将迷茫的心点燃，也将脚下的路照亮。

都有这样的体验，依赖向导却终难识途，独自摸索始辨方向。怪不得王国维的“三境界”说，首先是“独上高楼”。当我们来到拙政园里，倾听导游小姐的滔滔讲解，可获得知识的快乐。但若迈开自己的双脚，多留一份心眼，或许就能洞悉前人的某些创意。若能睁开慧眼，透视真实，或许可沟通那条条前人为我们预设的、却又可供选择的路径与渠道。

互作顾盼、四方呼应的建筑群系，将处在境域内各空间坐标点上的人列入一张温馨的感情网。无论是亭亭玉立、冠盖青天的“雪香云蔚”，抑或是远眺山林、依偎碧池的“见山”、“倚玉”，虽形态各异，无不从她们眼神、身姿中频频流露出含蓄而热忱邀约的阵阵秋波，真不知我们该先去应酬哪位是好。即使性情淡漠的人也一改无动于衷而情不自禁地唯恐顾此失彼了。

情势的空间营构激活了环境的魅力，催人感化。此刻，人们实际上已经身临佳景了。蓦然一阵呼啸，是飞鹰突兀地掠过树梢，惊起林中成群小鸟。内心悬置着一种捉摸不住的感觉，欲罢不能的困惑。一直试图在无法把握的瞬间即景中去竭力体会永恒，捕捉住心灵与景致摩擦碰撞出的点点火花，这几乎难以言传的微妙通感，即使摄影能够留住刹那神秘景象，也缺少园林中这倏忽万变的诗意色彩。这种冲动的经历、体验与积累，也许能催发灵感。

图1

你欣赏过京剧紧锣密鼓中的刹那间停顿吗？那一刻无声胜有声的洪亮深沉，得凭心灵去感受。你注意过故宫建筑彩画那富丽堂皇的远视效果竟是灰调子吗？绚烂之极归于平淡，反过来，在平淡中不也可以分解出丰富来吗？这我们可在“远香堂”（见图1）中去琢磨一番。

在紧贴水面的曲桥上，每一转折便可转换出无穷的视觉来。然而能渡人进入微妙境界的桥却是游园门票买不来的，以往的环境艺术创作因循模仿者有多少？如果能跨越一步，采奇于象外，出色于平淡，“以虚破实”，在景物周围的既有空间中回味、寻思，衍生出无限丰富的抽象，便能让“无画”处生出妙境来。瞧那石上苔痕、墙檐雨迹、假山奇姿、图案纹底及色彩光影的静态之间，都隐伏着流变、延伸及生灭转换的种种可能。让我们敏锐地洞察那即将生发的蛛丝马迹，糅入发展中的现代观念又如何？这样，或许会有意外的发现和开窍。在这“世界文化遗产”的宝库遨游，感受流传至今的传统文化历史信息，我辈理所当然是这座宝库中的“活宝”，遗产的价值本已高贵，而“活宝”的能量足以使遗产增值，实现传统资源的历史性扩张。

图2

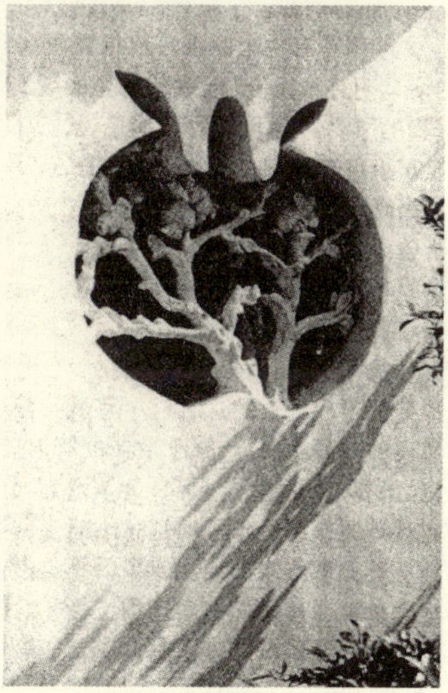

图3

再让我们走向园东尽头，在“芙蓉榭”里待一会儿吧。金色的夕阳将水榭玲珑剔透的轮廓与婀娜多姿的婆娑树影映射东墙，紫灰调子的阴影背后，金黄色光影丰富的层次“里面”，疑是一个虚拟中变幻的仙府乐乡（见图2、图3）。“漫游”其间的“俪影”，滤去了现实世界的芜杂、尘埃与缺憾。再回过头来，在逆光中点点闪耀的高光之间，翠荷玉莲如在早期印象派大师莫奈笔下闪着奇光异彩，映现水面的是透明而又淋漓的倒影，这层层叠叠的色块与纵横穿插的枝条抽象组合，韵味真是难以叙说。此时水榭也如出水芙蓉，在池边娇然挺立。那秀姿美态与遍布池面的群荷融合为一……真是这样，建筑如果离开了与环境及空间的密切依存，失去了科学规范的艺术引导，就如风筝断脱了维系着美的生命线。

周恩来曾有诗曰:“面壁十年图破壁,难酬蹈海亦英雄。”我们至今还徘徊在被传统“壁面”掩障着的新境界边缘,什么时候才能扫除认知的局限,透视自然的真相,将园林艺术所蕴寓的智慧普及人间?眼前无边的荷池比朱熹喻为天书的“半亩方塘”辽阔许多。苏州园林正是这样一部天书;是所有环境建设者创作的活水源头。芙蓉榭边,让所有仰慕芙蓉美的新世纪人面对荡漾着青天的明净水面共勉:在科学地珍视传统及开发未来的意义上与现代世界的文明进步观念接轨。用心体察那道与无限时空共存的智慧边界,光前裕后,新荷盛开,让明日的城市与园林一样美好。

原载《苏州杂志》2000 年第 3 期

规矩千秋在　方圆一代新

——建筑经典《营造法原》成书始末摭谈

富有江南特色的苏州城乡，素以建筑的精雅驰誉天下。古往今来，历代学者名流在吴门清丽幽邃的环境中吟风弄月，著书立说，而对建造这些渠渠华屋的工匠们的运筹和技能，却很少留有翔实的记载，任由雨打风吹去。

在过去，出于"道器相分"的观念，将从事"器"的工匠看得低人一等，而旧知识分子"君子不器"的心态遏制了科技文化的进程，这是中国传统思想的缺憾。其实，那些被称为"匠人"或"梓人"的工匠，本是造物之神的化身，早在东汉武梁祠画像石刻上就有持规执矩的半人半兽的图案（见图1），这正是原始工匠的"留影"（一说这是人类始祖伏羲和女娲正在创造世界）。明代王夫之认为，道与器两者"互以相成"，不可分离。人的智慧是手脑联动的结果，世界上并无"思者"与"行者"的高低贵贱之分，意识与物质形态的相互促成才是取得进步、实现创新的必由之路。先辈们为这条真理的确认花费了漫长的时间，然而风气的转变并非一日之功，记录历代科学技术发展进步的专著，除了《齐民要术》《农政全书》《天工开物》等少数几种外，在许多领域仍然还是一片空白。

图1

辛亥革命推翻清政府，民主思潮唤起国民的爱国热忱，生产力得到进一步发展。在水城苏州，有那么两个人，他们默默无闻地开始了历经三十余年的艰苦跋涉，终于在新中国成立后的第十个国庆日来临之前，合作完成了一部被誉为"中国南方建筑唯一宝典"的大书《营造法原》。

1923年9月，与建筑学家刘敦桢一起留日归国的柳士英先生回到家乡，在苏州工业专门学校创办起我国最早的建筑工程系。俗话说，万事开头难，创业的艰辛，意味着每走一步都得付出探索的代价。日本那一套不切合国情，他们的教学体制及设计思想我国不能照搬，而华夏文明丰富的矿藏尚未充分发掘开采，建筑学在当时还是一片不毛之地。虽说就在那一年，朱启钤在尘封的古籍中使北宋李诫所著的《营造法式》重见天日，但此书还有待梁思成的系统整理。当务之急是中国要有自己的建筑学方面的师资和教材，因为按教学计划，二年级就要开设"中西营造学"课程。苏州毕竟是人才荟萃之地，柳士英几经寻访，终于找到了时任鲁班协会会长的"香山帮"匠师姚承祖。工匠受聘执教，讲授中国建筑学，这是柳士英办事的胆识，苏州人思想的开明，也是谋求时代进步的科学决策，也正是"道器相成"的历史性觉悟的体现。

太湖之滨、香山脚下的智慧沃土孕育了一代又一代以建筑为世业的能工巧匠，他们是"香山帮"建筑业先祖蒯祥的优秀子孙。姚承祖就是其中杰出的一位，他名承祖，字汉章，别字补云，香山墅里村人，出身于建筑世家，从小随叔父姚开泰在苏州城内开设营造作，为苏州设计建造了数以千计的房屋，留存至今的有怡园"藕香榭"和木渎灵岩山寺的大雄宝殿等。姚承祖深知文化的重要，缺乏知识的头脑只能墨守成规，因此他发愤自学，并出资在城中玄妙观旁创办"梓义小学"，在乡间开办"墅峰小学"，免费培养工匠子弟。开办学校是功在当代、利在千秋的大事，作为一个手工业者，姚承祖表现出了高远的眼光。

应聘任教后，姚承祖根据祖父姚灿庭所著的一套《梓业遗书》手稿，和其他家传秘籍、施工图册，加上自己的深厚积淀与丰富实践，在既有的"营造原图"基础上编写了作为讲义的《营造法原》初稿，及时解决了教材问题。这部内涵丰富实在的书稿将建筑分门别类，详列名目、构造、用料、做法，甚至工日计价也一一列入。关键之处还编成口诀，以便记忆。然而，以现代建筑学的标准来要求，该书离完善还有很大的距离。

1932年，刘敦桢将书稿给时任中国营造学社社长的建筑学家朱启钤审定。朱读后对《营造法原》给予了充分肯定，同时认为：书内较多的苏州方言及业内行话宜统一为国语和学术定名，以普遍适应建筑学界的广泛需求，并且其他图说难解之处也所在多有。1935年秋，刘敦桢又将书稿交给他的学生——青年教师张至刚，郑重嘱咐他要从学术文化的高度给书稿作修改提高，按现代建筑学教学的要求，从中概括出江南建筑的传统精华，使《营造法原》一书真正成为研究和整理江南建筑的经典之作。张至刚因刘师殷勤托付，又意识到此书是当时记述江南建筑的唯一著作，就慨然答应，接受了这项工作。

张至刚，字镛森，苏州人。1926 年就读于苏州工业专门学校建筑科，后随校转入中央大学建筑系，毕业后留校任教。张至刚的工作，实际是要在新旧时代文化模式的继承与发展中进行推陈出新的转换和承前启后的对接。他除了要将原稿的文字部分按时代现实的更高要求与学术文献的科学规程，全面重组章节，改写原文，加入注解外，对原先配入的百余张插图及五十多幅实例图版，尚需逐一赴现场实测，然后按比例及制版要求手工绘制成清晰的图稿。他既要忠实于姚的原著，又要进行严密的校勘修订，必要时还得攀爬到檐椽梁架之间，仔细推敲琢磨，摸清遮蔽部位的来龙去脉，随即还原成一目了然的分解组合。对于刘敦桢的重托，他深感任务的艰巨。他明白这是一件要倾注毕生精力的大事，这也是一件值得他为之奋斗的对中国建筑界有着深远意义的大事。他出没于尘埃厚积、蛛网密布、光线幽暗、鼠虫出没的古代建筑的旮旯，甚至猫腰曲背钻进重檐翻轩，手足并用攀缘于月梁、斗拱或藻井之间，其辛苦和艰险可想而知。当遇到一些特例时，他就虚心向姚承祖请教，直到掌握其中的精要为止。为将典型难点化解成可供教示的案例，他和姚承祖还专门制作了可装可卸的实物模型，形象直观地帮助理解，收编入书。同时，张至刚还在原有文字的基础上，改编原文，补充遗漏，订正讹误，加编辞解，加添表格，重绘图版，增加照片及插图等，做了大量工作。可以这样说，如果没有张至刚碌碌奔波，数易寒暑的刻苦努力，《营造法原》一书是绝不会在建筑界获得如此声誉并产生广泛影响的。

功夫不负有心人，凝聚着姚张两人心血和汗水的《营造法原》终于在 1937 年夏完成了。全书计 24 章，十二余万言，附图版 52 幅，插图 71 张。正当他们为合作的结晶举杯庆祝时，日寇的铁蹄踏进了中原，抗日的烽火燃遍了神州。张至刚怀揣着视同生命的文稿，开始了人生颠簸动荡的八年。1939 年 6 月 18 日，一代建筑巨匠姚承祖终于未能见到浸透了自己毕生心血的书稿出版，就在吴门撒手人寰，抱恨终天。在重庆沙坪坝，张至刚仰望长天，念念不忘实现姚承祖的遗志，与妻子王蕙英女士小心护持着文稿。在那缺衣少食的艰苦岁月中，他一遍又一遍地精校细阅，直到抗战胜利回到南京。

新中国成立后，张至刚出于对祖国建设事业的挚爱，对文稿又作了进一步的整理、修改、充实。1959 年 7 月，《营造法原》终于由建筑工程出版社出版，1986 年 8 月又由中国建筑工业出版社再版（见图 2）。散发着吴文化馨香的《营造法原》以其完善实用的优异特色成为当代建筑师及工程技术人员的基础典籍和正宗范本,被敬奉为“至尊天书”,广为应用。姚承祖先生至此可以含笑九泉之下了。

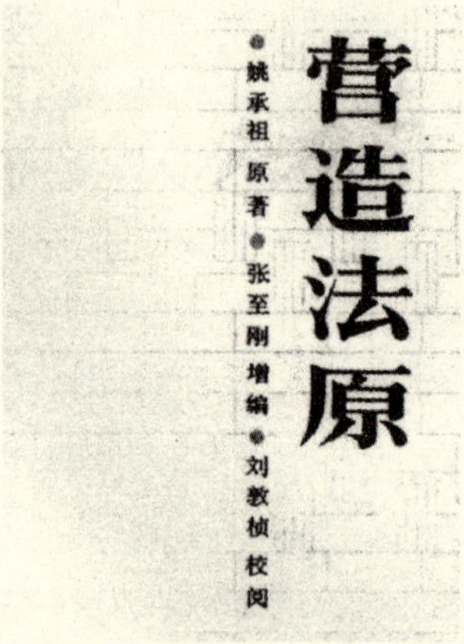

图 2

似乎可以这么说,《营造法原》的出版,是对苏州建筑的地方特色的一次系统总结。个人的生命是有限的,赖以成功的事业需要几代人前赴后继的奋勇接力,如此才能薪火相传。这里汇聚了千秋万代炎黄子孙道器相贯的无穷创造力。规矩千秋在,方圆一代新。《营造法原》所奠定的江南建筑的基本格调及其物化的苏州古城,充分见证了吴文化无尽的生机活力。

原载《苏州杂志》2001 年第 1 期

焕发姑苏文明的光辉

当今世界，全球化的合作精神成为时代的主流。开放的苏州以传统名城的独特品位和高雅气质登临发展的舞台。各行各业精诚把握自身的角色界位，不失时机地关注着"信息革命"与全球化背景下瞬息万变的市场，在创新与竞争的考验及新旧意识的蜕变中，永葆城市文化生命之树长青。

作为国民经济支柱产业建筑业的成品打造环节，建筑装饰事业在最终实现建筑各项效益功能与文化内涵的意义上，处于举足轻重的地位，而名城苏州的环境文明建设则更须要循其浓厚的特色与久远盛誉，在广度与精度上向纵深开掘。

新世纪世风时尚的进步，体现在意识的开放性，体现在加强对话，寻求合作，沟通信息，实现共同发展。人们不以称霸乡里为荣，唯求逞强天下是幸，为行业的持续繁荣，彼此以平等、互惠、合作、共赢为主旨，扩大协作纽带，优势互补，构建自身多边协进的平台，并在创造性的设计与施工实践中谋求科技与艺术的完美。

新世纪风调雨顺的第一个春天，在充沛的阳光雨露滋润下，苏明为我们开辟了一方园地：这里有积淀深厚的文化资源需要我们去开采；这里有集思广益的智慧沃土可以供我们播种、耕耘和收获；这里是我们志士仁人切磋技艺的自由论坛，在当代环境艺术建设事业欣欣向荣的大道上，让我们提速疾行，接轨世界。

在行将进入 WTO 的当前，首要的问题是观念入世。在环境科技、公共文化、艺术创新、未来与全球意识上，彻底过滤去旧意识中那些与新机器格格不入的异物，等同于消除影响机体正常运行的隐患。至于某些环节上的障碍与弊端，那只是旧观念濒临灭亡的表现，必然，也不必以为然。"沉舟侧畔千帆过，病树前头万木春。"惋惜过去，不如珍惜今后，尤为重要的是应以慧眼识途，认清事业的广阔前景。环境艺术的建设工程从来是陶冶人民审美情操的实业，全民素质的提高须要有对环境时空的感悟。环境艺术建设者的神圣职责在于，通过工程创作营构出环境感化的魅力，唤起民众的社会审美觉悟，在普及科技及艺术知识的教育中，建树起从现代文化价值观的完善认识上升华起来的人格，在这一层面上的碰撞，才是WTO世界级高水平的较量。而单纯物质层面的追求和积累并不具备文明意义上的完善价值。

建筑及环境建设的目的有深层次的文明追求，也有表层次的物欲利益追求。工程的实施，最终落实到为人的活动与享用所呈现的实效和影响，其质的状态取决于设计、制作和施工一贯到底的全面运筹水平。设计思想的科学超前，技术措施的处心积虑，工艺技巧的精工考究，及其所体现的对人民身心关怀的无微不至，即实现了行为状态与创造结果的至善文明。在安全、高效、舒适、趣味、智慧及其美感的综合性能上，每一个时代都会充分利用当时的优势，千锤百炼，精益求精，在层出不穷的优化进取中锻造时新。

回顾历史，纵览苏州地区久远的吴文化，其长盛不衰，正是凝聚了各个发展阶段延绵不断的文明的成果。苏州出土的新石器时代的礼器玉璞表面精美的图案是用“他山之石”镌刻而成，如果没有开放、接纳、融入与化出的观念和实践，就难以成就这原始的创新之辉煌。环境优化、建筑装饰、苏州园林、苏式工艺……姑苏文化的实质与内涵体现着我们本土文化高度发达的地方文明。

苏明，苏明，苏明人应继承前贤开创的业绩，凭着人所不具我独具的特色，厚本开新，在时代进步的浪潮中持续焕发出新世纪姑苏文明的光辉。

原载苏明装饰公司《明日沙龙》创刊号(2001年4月3日)

解读新版“石头的书”

——苏州市会议中心接待楼赏析

常言道，建筑是“凝固的音乐”、“石头的书”。尽显吴文化的音韵风雅，象征着园林古城又一部铭刻着世纪新篇的“诗条石”，今又列入姑苏文明历史的碑廊。新建的苏州市会议中心接待楼，这座深蕴着传统文化生命活力的时尚佳构，堪称为当今建筑创作推陈出新的范例。

作为对会议中心功能序列的全面完善，接待楼的落成为城市提供了一处富有地方特色和环境魅力的礼仪场，将当今全球文化交往文明所必不可少的运行环节整体地串联集成。让我们围绕着这座由大师巨匠们凝练造就的玉宇琼楼，从门里窗间所流露的情态和形体线脚所展开的韵律中，细细品味其中的创新哲理和精神。

接待楼是城市礼宾活动的序幕舞台，也是旅游取景的焦点，其角色定位既是首要的，也是应与周边环境相协调的。建筑体现着人的性格。苏州民俗传统性格的美德是善始慎终，试看园林中建筑起落转折的处理，来龙去脉交代利索。接待楼完美地收拾了整体楼群的西部边端，新旧一体，协调而独具个性；异曲同工，相得益彰，成人之美而又不夺人之美，可谓“德艺双馨”。要说什么是市民素质所体现的城市风格，这里颇有深意。

新楼在体量、选型与色调上着力淡化自身，恰到好处地以淡化手法反衬出自身端庄幽雅的气质。毫不招摇自大的谦逊风度，诚如一个代表着苏州城市人格形象风采的生动亮相。简洁的瓦屋面概括了苏式民居粉墙乌瓦的特色，檐口与原有大楼相呼应，屋脊显示出春秋时代东吴风格的苍劲。尺度恰如其分，所谓“得体”，意思到了。

有人对于檐口曾有微词甚至戏谑之言，其实这是个视觉观念问题。手工业时代，“如鸟斯革，如翚斯飞”，象征雄伟的鸟翼腾飞。传统的仿生造型是历史技术条件的产物。如今,现代科技不仅能实现大尺度的挑檐,更有如飞机翼展的雄姿,呈现时代的壮美。是视觉观念的升华促使人们探索形体的革新。

现代建筑的空间特征是平面的开放,新楼循着"容纳世界"的营构主题,正与当代苏州的开放大略相切合。从门亭引廊经接待厅空间,通过连廊曲折导向四季厅,这贯通南北的穿插,除了造就园林艺术幽深的境界外,更让感觉随着情景的渗透,以不断延伸、增长和发展着的四维流动,领悟生命脉搏的和谐与永恒,通过地方特色与现代风格相结合的手法去体现传统素质的当代价值。

紧靠接待楼南檐墙外侧临空树起一堵 45 米长的高大屏墙。从主入口仰望,狭长的廊天两端融入东方和西方无限辽远的天际。似曾相识的感觉让人联想起苏州民居封闭的深院高墙,然而,这片高墙除了满足屏蔽尘嚣的功能之外,墙上开有可以通行及不供通行的窍门,屏而不障,亦遮亦透,思想的慧眼分别可里外双向框取出相对掩映的景物,在遮而不断的含蓄藏露中生成距离与层次的美感,制约着也诱导着人的视觉剪裁与想象欲望。月白色的墙面纯净到极致,"粉壁为纸,以树为绘",金色阳光洒下透明的树影,丰富在单纯里,绚丽在朴实中。朴素的美,那么深沉醇厚;精练的美,美得悦目舒心。整座大楼除了门亭中一朵桂形标志外,没有另一点装饰图案,突出了苏州市花的亮丽和芬芳。

建设者们的苦心经营,可用王安石题咏苏州诗人张藉的品格诗来形容:"看似寻常最奇崛,成如容易却艰辛。"让诗意的哲理与精神在我们平凡的生活层次中深藏,在建筑灵魂之窗间流露,在这座朴实的接待楼里闪光。

这就是创新,一门前途无量的事业,一本流芳千古的"石头的书"。

原载《传统文化研究》第 9 辑(2001 年 12 月)

"假古董"与真遗产

——关于旅游开发与文物建筑的保护

伪造或复制的"文物",称为"假古董"。不过,在收藏家眼里,巧夺天工而几近乱真的赝品,只要忠实于历史,不蒙人欺世,为了再现珍贵文物的原创精神,如果原物已毁,重新按原样复制一个副品替代正品的存在,同样能留存原作的精神气质与文化内涵,也不失其艺术再造的另一种价值光辉。收藏、修复,甚至再造,都是一种保护行为,是一种文化的表现。这样的情况太多了,闻名中外的寒山寺古钟就是一例。

考古发掘出土的文物有时并不完整,如破碎了的陶器,要用石膏修补成型,缺损的部分,还故意显露出修复时代的材料(见图1),目的是留下后代珍爱先祖遗物的痕迹与感情。这也是一种文化的表现,在博物馆的文物陈列中寻常可见。

遗存地面的文物古建筑无法收藏。它们成年累月受日晒雨淋和风化的侵蚀,加上人为的破坏,免不了日益破损,甚至坍塌。这就须得按其价值等级千方百计地保护与修复。若有碍于当代建设的规划,万不得已,还得按原状易地拆迁。比如为了抢救古建与壁画而迁移的山西芮城永乐宫,就是一例。

尊重遗产,光前裕后,是每一代人誉为文明的人性觉悟与尊严。20世纪60年代,曾经有一个权威性的世界公约:《保护文物建筑及历史地段的国际宪章》,即《威尼斯宪章》。《宪章》指出:"世代人民的历史文物建筑,饱含着过去年月传下来的信息,是人民千百年传统的活的见证。人们越来越认识到人类各种价值的统一性,从而把古代的纪念物看作共同的遗产。为了子孙后代而妥善地保护它们是我们共同的责任。"

文物建筑的灵魂是它们的原创性与真实性,它们不可能再生,一旦失去就永远失去,任何复制品都不能如实体现原有的珍贵价值。所以,文物建筑保护

图1

的第一个原则是维持原生状态或者是既有的状态。当出现结构性的破败与形体构件的缺损时，就不能不采取第二个保护原则，即抢救。抢救并不是推倒重来，而是采取与上述修补文物陶器类似的方法：原有的部分必须无条件地保留，而加固的部分应如实显示出当代的材料。典型的例子就是罗马古斗兽场建筑的修复（见图2）。

图2

古建筑不是单纯的文物，除了观赏性和纪念性，有的尚具备实用功能。《威尼斯宪章》还规定："文物建筑如必须扩建，则扩建的部分应采用与原来不同的现代风格。"并不必要为了"协调"而以现代材料仿古，新造"假古董"。要知道，协调的前提是承认有区别，协调的真正意义是"和而不同"。

有人认为，文物建筑破败不堪，无法创造经济效益，不如把它拆了盖个商场，那样还可赚钱。也有人认为，就地按原状保留残迹就是保护，修复起来岂不成了"假古董"吗？其实，大谬不然。今天屹立在祖国大地上所有的文物建筑，几乎没有一处不是经历代持续维修而传存至今的。万里长城要不是历代修缮保护，至今也许会跟苏州的城墙一样消失。而像北寺塔、阊门等名胜古建筑，都是历经兵火之灾毁后而重建的。如果历代先祖们不是积极地修复保护，而仅仅维持日益破败的残迹，那么，玄妙观至今早已没影儿了，哪里还有今日观前的繁荣！如果苏州园林在20世纪50年代不抢救修复，哪里会有今日“世界文化遗产”之文明荣耀呢？

至于令人抱憾的“假古董”之庸俗虚伪，那是另一回事了。其实，修复文物古建的考证、设计与施工是一门很深的学问，须要在建筑考古的技术科学指导下进行。“假古董”坚决不要，而文物建筑的修复保护必须依《文物保护法》执行。要明辨是非，不能“因噎废食”。切不可把仿古的伪劣之风与保护文化遗产的科学实践混为一谈。

2001年12月与某房地产开发商关于旅游资源开发的晤谈

城市环境艺术建设的重要性

——呈请民盟苏州市委投送市第十一届政治协商会议的提案之一

今日苏州,正经历着25个世纪以来规模最为宏大的一次划时代嬗变。城市机体的大幅度重构,堪为城建史上一座空前的里程碑。以先进技术的新型材料营构如林的琼楼玉宇,正取代着传统木构架立帖式的玲珑小筑;快节奏的时代韵律及高效率所生成的宽街广市,迅速地更新着当代市民的生活方式。从开放的世界窗口所摄入的信息风光,又正在日新月异地扩展着人们的视野和胸怀,并进一步冶铸着我们日益进步的观念和心态。

城市环境是孕育市民思想进步与事业发展的温床。人类文明史迹令人毋庸置疑地相信,优越的环境能使人变得聪明起来。耳聪目明才能唤起潜在的灵感迸发,借此得以实现不断的进取和发明创造,从而促进社会生产力和人的智能,包括觉悟层次的全面提高。

由建筑体型、市政绿化、城雕小品、街路桥梁,加上集市金融、工商文化等各项社会设施的综合烘染所呈现的环境艺术氛围,在自然景观的映衬下,生动展示出城市的容貌、气质与风范。在改革开放的经济建设大潮中,这些年来我们的成就灿烂辉煌。然而,从苏州的城市性质与地位来看,我们尚有许多环节须要进一步完善,环境艺术建设即其中十分重要的一环。

城市空间里每一幢漂亮的单体建筑,都像是一个个响亮的音符,未经谱曲就不成其为一首优美的城市乐章。条条宽阔的道路,如果光靠整齐划一的门面排列,纵有五光十色的广告和橱窗,亦难以令人感悟到名城的魅力与风采。现代城建首要满足的是一切为人着想的根本主题,在每一个细节上充分体现给人无微不至的关怀与方便,让人办事处遇安全高效,称心舒适,从而显示出社会环境高层次的文明与进步。如果一个地方视听环境纷乱嘈杂,或者单调乏味,如果在人的行为空间中充塞着七高八低的不规则起伏,杂乱无章的羁绊,或者弥漫着未经管制的广告、灯箱、条幅及其声光干扰，如此等一系列的粗陋、懒散、失控和无序形成隐患，又毫不提供人们缓解困顿、调节并消除缺憾的条件和余地，那么，人就会因紧张、压抑而产生疲劳，直接影响到种种效率和秩序，以致产生失误和事故。所以，建设事业完全是一门科学的编辑艺术，这也是我们终日奔忙的实质。

人们曾经广为称颂的“苏式风格”，说到底，就是一个尽善尽美的细致与含蓄的周到。不信的话，可以去苏州园林悉心体察。在诗化了的自然情态和境界中，多维的感觉层次汇现出一阵阵触撼心灵的轻拂，以至激荡起某种情绪的微波，情不自禁地左右着行为取舍的选择，直至精神能量的释放。生成如此微妙动力的媒体，是那个有意味的物境所发挥的神效。环境艺术正是营构物境并借以酿造这类神效的专业。“尽精微，致广大”，天下一切的成功都是一个无比周密的整体完善，从古代的万里长城到现代的宇宙太空站，稍有缺陷即全然丧失其伟大。苏州园林环境艺术意境的形成即完美的“苏式风格”创作思想巧夺天工的产物。因此，要保持苏州的名城特色，就须要挖掘出产生此种特色的内在要素，并在今天现代化建设的环节上加以发扬光大。我们不必劳民伤财，去照搬陈旧的苏式古代工艺形式，也不必盲目堆砌既有的东西。片面地追求物，永远是局限的；全面地求索物所生成的物效，则是无穷的，于是就要求简洁和精练。苏州文化的精粹大概就是这么来的。我们可以在新老城区的街头巷尾、交道路口或城市空间的角隅，含蓄而又浓厚地显现出种种悦人的意境来。比如说，园林中的茶座生意很好，现代商业建筑亦多在中心周边内外专设休息座椅，优化购物环境，吸引顾客。园林中曲廊程间的必要位置常设有小亭轩，供人停顿歇息，既调理精神，又作为观赏点唤起游人无限情趣，现代设计中也有在街区一定距离点上布置一片退后的绿化小广场之惯例。我市七千米长的干将路，除了让人感觉现代化气魄的伟大之外，还须在街景逐步形成中增添更多的文化意蕴，创建成一条名副其实的现代苏州街。这种新的文化意蕴应卓具苏州特色和现代价值观念：高智能、富灵巧。因为发展和增长不是靠量的累积或物的堆砌，而是凭着物效比率的增长。这条街应是一条生动体现干将精神的新城市干线，既不靠仿古的造型冒充继承，也不靠抄袭洋画充当创新，而应是渗透了前述苏式要素的独树一帜的气派。这里就少不了环境艺术设计与建筑、规划、市政各方的紧密合作与奉献。

社会主义市场经济体制的灵活性有利于促进环境艺术建设。善于经营的企业家们乐于利用市场的街景特色来繁荣自己的经营面貌，他们有利益方面的理由积极参与配合城市环境艺术的建设。杭州就利用某企业广告费用中的一部分，通过环境艺术的建设，既改善了企业周边的文明卫生状况，优化了企业自身的形象，取得了比单纯做广告更为全面的市场影响与效益，也加速了城市文明卫生创建工作的进程。上海有些大公司商厦门前的环境艺术设施都由其自己大片大片地包下来，连人行道华贵石材的铺设都由企业自己优化建设。如果大家都积极行动起来，只要主管部门引导，并由城市环境艺术专业方面统一润色与推敲，就能节省城建费用的投入。

我们如今尚无完善的城市设计，因而更须利用环境艺术的手法与措施将各项单体之间的空白予以饬整，借助于环境艺术设计的"语法"和"修辞"，将各自孤立的词汇编辑成完美的文章。我们的城市规划很科学，但在具体塑造城市空间的各个起落转折、过渡与边角等细节，及其相互间的顾盼关系上，尚须依靠环境艺术的实体和空间营构进行缫边、镶嵌或点引，像音乐作曲中和声配器的设计，让每一组乐段的音节与整体谐调。

这是一个容易被忽视，却关系到园林风景旅游特色城市苏州的现代化景观形象感受与印象生成的关键问题。环境艺术建设对于城市文明事业的发展，既是必由之路，又是一条切实的捷径，意义是相当重要的。

"假山假水城中园，真山真水园中城"，这是若干年前就确定的关于苏州建城的设计思想、格局与基调。科学界前辈钱学森所倡导的未来型山水园林城市的构想极有可能在苏州实践成功。就凭这一点，我们应突出独具的特色，利用现有的基础和优势。国标规定的硬指标靠行政管理是可以达到的，然而，属于城市空间形态的脏、乱、差，其实质是未经提高的市民不规范意识与生活陋习使然，也是对环境艺术、对苏州园林城市观念的熟视无睹。对此，谨提议建立一个关于城市环境艺术研究的专门学会（如首都及上海都设有城市环境艺术委员会），协助政府起一些宣传、组织和引导的普及与研究作用，通过加强社会审美教育，进一步提高标志着我市名城风采的现代文明形象。

苏州市建筑设计研究院高级建筑师
民盟苏州市委文化工作委员会委员
陆　觉

二〇〇三年一月十二日

发展的基础要保护　保护的方法宜科学

——呈请民盟苏州市委投送市第十一届政治协商会议的提案之二

古城苏州的城市性质定位是国家已经明确的。一个风景旅游历史文化名城,其真正宝贵的资源则是它优越的自然环境与丰富的传统文化。发展的意义无非是以当代人日益先进的智慧才能对潜在资源的有效开发,从而实现新的时代进步。

名城苏州特殊的历史地位决定了古城开发的艰巨和复杂。这种状况并不是如一般房地产开发商所想象的那样简单。认为古城区破败的建筑不值得修缮而大幅度地推倒重来,以图创造效益,如果认为这就是发展,那是一种令人遗憾的概念误解。

什么叫“遗产”？其实,我们每一个活着的有思想生命的人都是祖宗的遗产。古建筑虽然是物质的构成,但它们都是寄寓着前辈生命活力的生态物化,拆毁它们则意味着对自己生命力的否定。小小的苏州古城并没有对现代化建设造成发展的障碍,房地产事业尽管可以在园区或新区的广阔天地发展,工厂甚至可在处女地上开拓,那才叫开发。关于这一点,日本人及祖国的台湾同胞都感到费解:投入多少代价,产出多少成果,那是科学经济学的价值观念。古城苏州完全可以发展旅游经济、生态文化经济,以最小的投入取得多得多的产出。古城区的大大小小庭园民宅都可以保护成不亚于拙政园的名胜,这是一笔多么巨大的财富啊！如今,那些盲目建成的闲置空房能值多少钱呢？将来还有可能成为持续发展的障碍。

而更不可思议的是建立在古城中的革命历史文物建筑也遭拆毁,如原碧凤坊16号内的一所当年党的地下革命活动地点、左翼戏剧家联盟所在地“艺社”也不可幸免。虽然有关部门后来落实了政策,将其迁移别处,但那又是一座平面布局不符合防火要求的木结构建筑,是一处有避弄而无后门的隐患建筑。这种保护的方法欠科学。

故土的自然与人文资源是我们赖以生存和发展的基础。为了发展，将陈旧的更新那是必要的，但是发展的可持续性应建立在科学保护的基础上。提议本届人大就名城苏州的特殊性，通过一部《苏州市城市建筑遗产保护法》，将城建、规划、设计、拆迁等实务与新颁布的《中华人民共和国文物保护法》全面系统地结合起来，以利科学实施。

民盟苏州市委文化工作委员会委员

苏州市建筑设计研究院高级建筑师

陆 觉

二〇〇三年一月十二日

天堂乐园人修造　乐园天堂塑造人

时尚苏州，经历着25个世纪以来规模最为宏大的一次划时代的嬗变。城市机体日趋进步的持续重构，树立起古城生命史上又一座空前的里程碑。以先进技术和优质材料营构如林的琼楼玉宇，取代着传统木构立帖式的玲珑小筑；快节奏的时代韵律与高效率的科学机制所交织成的宽街广市，迅速地更新着当代人的生活方式（见图1）。从开放的世界窗口和网络天地摄入的信息风光又日新月异地扩展着人们的视野与胸怀，提炼并冶铸着我们与时俱进的观念和心态。

城市环境是孕育市民思想性格和道德素质的温床。人类文明史实令人毋庸置疑地相信：优越的环境能够使人变得聪明起来。“窗临水曲琴书润，人读花间字句香。”耳聪目明的舒心快意竟然如此能动地燃起潜在灵感的火花，导引我们实现认知的飞跃，投足创造之旅，从而促进社会生产力和个人智能，包括觉悟层次的全面升华。

图1

相伴在我们周围的一切，无不蕴寓着生态意义上的灵性，即使是一块顽石、一朵鲜花、一汪清泉，甚至变幻中的天光云影、风霜雨雪，都具备着情态和性格。只要有意投入，彼此展开心声物语的友情“对话”，在悉心的深层体验中演绎天真的是非，由体感化入心境的徘徊，便可让你兴奋无比、充满信心，可劝你沉着平静、心旷神怡；能解除疲劳、调理精神，能滤去烦恼、轻松宽怀；或者从情景交融中消除忧患、领悟转机，或者在潜移默化中掌握规律、蒙受教益。

享受生活的真谛，不只是追求声色口味、华屋锦衣，至为完美的是充分受用大自然作为人类母体恩赐的天然营养，一种酷似渴饮甘露那样浑身莫可名状的快感，一种畅似自由舒展地泳翔于无际海天的愉悦感受。如此独特高尚的顶级消费，让诗意的人生在充满阳光、关爱、健康与美感的时空中焕发生命的辉煌；让事业成功的种子播撒在肥沃环境的土壤中发育和成长。终日奔忙的实质，既为着知识与财富的积累，更应追求身心效能的完美增值与释放。拥有对环境空灵的享受能力，获得对环境艺术的理解和趋同，从而作为事业进取的文化附加值，乃是时尚人格的标准之一。

人们曾经广为称颂的“苏式风格”，说到底，就是一个尽善尽美的细致和含蓄的周到。不信的话，可以去苏州园林静心体察，可以走一趟图书馆的院士廊，在诗化了的自然情态和人格力量的境界中，多维的感觉层次汇现出一阵阵触撼心灵的抚拂，以至情不自禁地左右着行为取拾的选择，直至精神能源的喷涌（见图2）。生成如此神效的媒介，正是那些富有意味的环境景观。天下一切的成功都是一系列无比周密的整体完善，园林环境艺术意境的形成，是“苏式风格”创作思想巧夺天工的产物，而健康完美的人生即源自完美的意境为奋斗中的人们提供了舒畅的条件和力量。保持苏州的名城特色，须要挖掘出产生此种特色的内在要素，在新的时代环节上发扬光大。对于每一个进步中的当代苏州人，意义完全一样。

图2

如今，遍布姑苏城乡的成点、成片、成带和成团的大小景观绿地、广场花园将锦绣古城巧妙缫合成一幅富丽的城市图案。设计师和能工巧匠们配合城市环境优化工程的建设大军与环境艺术家通力合作，为天堂乐园的建设，为高歌猛进中的苏州谱写出又一曲优美的城市华彩乐章。人修造优美的环境，环境也塑造优秀的人。让天堂名城苏州更多更美的乐园中怒放出更多高素质的时代精英！

原载《音乐之旅》，苏州广电音乐台 2003 年 3 月出刊

钟声响起

——关于建筑传统的生态继承

群星在浩瀚的宇宙时空不息运行,天道地理为我们这个世界缔造出人类及其相依为命的生灵。每当晨曦徐徐伴来辉煌的黎明,每当暮霭渐渐隐入幽沉的黄昏,从变幻着的彩霞深处传来地上人间清悠的钟声。

晓钟唤醒沉睡的人们早早启程,暮鼓点叩着奔忙终日的心:归去吧,莫忘了出发点即自己的家园!这朝朝暮暮回荡着的钟声震撼着探索者奋发的心扉,鼓动他们再接再厉,去冲破思想的壁垒,去捅开创造的窍门;那一阵又一阵警世的钟鸣唤起执迷的人群,招呼他们拯救在名利场中行将失落的灵魂,让变态的五脏六腑从七颠八倒再颠扑过来,复归平正。

钟声是人类文明传统一脉相承的和音,酷似一个权威的长者在郑重地告诫人们:生活的第一态度是清醒。而能与自然的节律合拍或感应的,唯如那周而复始、永不走调的悠扬钟韵,以音乐艺术的文化感召力,用天、地和人类生态交融的真谛来规范天下,坚持始终如一的执着认真与能动性,那就是"天人合一",长盛不衰的传统精神。

人的状态是无数生命个体在世间生生灭灭的延续。人类生命星图上的无穷闪点此起彼伏,转瞬即逝,在历史的屏幕上汇集成一道人类群体永不间断的轨迹。每一代人瞻前顾后,进而光前裕后,保持着人类一以贯之而连绵不断的生命活力,在日益进步的创造性业绩中显示出人性的光辉。领悟到这一层世态真情,就能明察当代进步只是"天梯"之一阶,即一片由下部杆件支撑着以向上部进取的当前平台。剖开一棵大树,可以从树干的横断面上见到无数同心的年轮,我们这一代人相当于最外层的那一圈。科学并不存在"空前绝后"的事实,而继往开来、薪火相传才是人类历史当然的真实。人的一生短暂,但当先辈的文化结晶化入自身的体验时,因为有历史的可持续发展资质而获得思想的丰满与成熟，享受生命的完美与长寿。否则，你和原始人有什么不同？

由人创造并伴随着每一个时代人群生存发展的建筑，也从物质与精神层面展现其庇护人类利益的功能。这种功能即使历经时光的砥砺，经受风雨的洗礼，或者罹受异因外力的摧击，仍能在人的文明修治与调理下维持其固有的生机。因此，建筑作为人性创造意志的物化，其蕴含着灵性的物质构成，跟人的机体一样，具备着生命与情感的魅力。当年，梁思成和林徽因先生共同发现并感悟到"建筑意"的存在，这跟文学中的"诗意"与绘画中的"画意"一样，是搏动在建筑空间境界中的灵魂。恰似作家用文字材料创造出有生命价值的感天动地的作品，亦如雕刻家将顽石变成令人喜爱的美神。由人所创造的一切，凡是倾注入创造者心力的物质建构，都具备着生态的意义。建筑是在生态环境中与人的关系最密切的因素之一，人创造了建筑，建筑也塑造了人，两者相依互生的关系融合成理想的环境。一个地方和美精巧的建筑风格形象地概括着本土文化的特色与进步。这种特色与进步在潜移默化中深刻感化了所在环境中人的性格与思想。文明即是对人类创造能力与价值的自我尊重，保护建筑，保护古城，就是关爱所在生态环境中的自己。

建筑虽然是文化的载体，是创造业绩的"硬件"，但是，任何建构毕竟免不了会陈旧，甚至破败。然而，跟所有事物一样，从它创始、全盛到衰变，完整地记录着一段演化的进程，就像一个人的功德与过失，至少其显示着某时某种程度的信息价值可供人们客观地评估，可供现实人生寻求某种积极的启示。建筑本是一部石刻的"史书"。经验或者教训是靠记忆积累起来的财富，而记忆维系着现实状态所以然的源头。天真幼稚是成熟老练的参照点，而且是必经之途，就发展的意义说，可贵的不只是成果，而更在于取得质变而实现飞跃过程的每一个环节。人们常将发展中的天真拙稚视为可爱，原因是其目的率真无邪且如水的纯情生动感人。其实，过去时代那种从无到有的认真进取精神无异于我们当今的刻苦追求。如果将不断深化中的前期认识，或者称为"初级阶段"，包括自己成长中的不足，一概视为落后而千方百计地以铲除干净而后快，甚而至于傲持着唯今独是的"新"观念，狂呼"反传统"，如果每个时代都掮起"空前绝后"的大旗，舍弃了"精益求精"中前提之"精"，那真是一种极端的"大愚若智"，是愚昧的自作聪明。透视那迷失自我的真相，实属割断人类文明之链的绝顶荒唐。奇怪的是，恰恰就是这些灵魂空虚的可怜财迷们，到寒山寺听钟拜佛竟是为了数满一百零八，乞求"一定发"。文化觉悟沦落至此，令人心寒！他们哪里知道每一记钟声可以颤落灵魂深处多少污尘,可以化解心间多少威胁生命的结石与病痛?

说到此,这个化解的“解”字就大有学问了。将数学中的“解”普及到社会生活的观念领域则是一种深化认识的方法。人类的认识领域迄今尚存在许多未知数,需要我们去探索。生活中的问题即如数学中的方程,如何排列程式,怎样演绎求解,须要抱着实事求是、循序渐进的科学程序,不管有解无解,切不可误解或曲解。

20 世纪“五四”时代的学术争论是结束封建帝制后中国历史上又一次新的“百家争鸣”,其间的是是非非在今天看来意义犹深。传统文化中顽固影响着发展进步的观念障碍是根深蒂固的封建意识。“封建”者,王分封诸侯以物质与精神特权的等级制度也。民主革命彻底揭露了千百年来束缚中国发展进步的封建势力及其传统观念的罪恶。然而,某种传统的观念并不等于整个传统,这是两个概念。

马克思在《共产党宣言》中宣告“同传统的所有制关系实行最彻底的决裂”,“同传统的观念实行最彻底的决裂”。这里毫不含糊地针对着的是宣言前文所提的“社会上一部分人对另一部分人”的那种残酷的所有制剥削关系,要与当时由历史沿袭而来的代表剥削阶级利益的那种所谓“正统”的观念坚决断绝关系。“传统”作为一个名词,其本身并没有任何贬褒的倾向性,它只是历史流传的,由来一贯且自成一脉的系统惯势;但当其被特指为某种具体时代性状的意识形态因袭关系时,就具有今是昨非的性质。传统是一条有生命的长河,那些世代相传的,独具倾向特色的国风民俗,其中的一切,包括社会道德规范、观念形态、思想作风,约定俗成的准则等,是随着时代的发展而变化着的。如同一个人,或者是一座建筑,都是一个与环境有生态联系的生命整体,如果某个人某座建筑出现毛病或缺陷,应当狠下决心,彻底根治才对,因为这个整体必然同时具备着相对优越的另一面,可以向积极的方向转化。是物尽其用、人尽其才,还是暴殄天物、糟蹋人性,这是生态和反生态、文明与野蛮的分水岭。23 年前,已故建筑大师杨廷宝先生在苏州城市规划座谈会上指出:“有些已经是自然存在了千百年的东西(建筑),能流传至今,说明它还具有生命力,那是不宜轻举妄动的,必欲变动的话,须得经过科学的研究,不然会有意想不到的后果。苏州的城区内宜保持原样。”

对文化遗产的否定与如何否定,应持郑重的态度。从现代哲学的理念看,所谓否定，那是对发展环节的否定。人类社会的持续进步如同接力赛，接棒的运动员是对前一个交棒运动员速度、步法和体力等因素在交接环节上的否定与优化，他既不能否定前一运动员的功绩，更不可能否定包括自己在内的整个接力赛程。至于某一区段的成绩优劣及总分如何，则取决于各自的努力和配合。这里没有什么好责怨的，前人落后，后人争气就是了。如果消极对待历史的失误，自暴自弃，那就没有出头的日子。要是再糊涂地歪曲传统的意义，那是在迷失的道路上越走越远了。

实际上，现代观念的进步体现在两个基本方面：一是对传统文化价值的辩证评估；二是对更新观念的科学理解。

传统文化与创新精神是并行不悖的，正如个人自由与相互尊重的结合形成社会公德。极端的偏见常常将哲学上的两个范畴视为格格不入，针锋相对，结果两败俱伤，造成失误。比如为了城乡交流而不惜填河、拆桥、毁城墙。这里不禁让人想起《笑林广记》上的一则笑话，说的是一个愚人掮着竹竿进城，横着竖着都进不了城门。还算聪明的是他没有拆掉城墙进城。

对环境的任何开发利用都意味着对生态系统的干预。这个基本事实要求我们应将自己的经济行为、发展战略和规划决策都置于生态系统的能量流动、物质循环和信息传递的普遍联系中，置于动态的生态平衡中加以考察和检验。只看重物化的直接经济效益、局部的眼前利益而忽视发展和决策在生态与社会文化的有机整体中所引起的综合效应，那恰恰正是传统文化中须要剔除的糟粕部分，是丧失人性与责任感的愚昧意识在当代的暴露。对古城的开发利用，应当是对历代城市建设中丰富地积累着的文化资源进行保护，而不是毁掉蕴含着宝贵历史信息的物质遗存。一个尊重自己历史的城市是不朽的，历史以过去的传统光辉照亮了现在，又以传统文化中的某些失误警示当代。

生活的实践提示我们，传统文化并不是现成可以搬用的资源，历史遗产的价值不等于现金，传统文化是须要经过“处理”的。如同基础对于上层建筑那样，不是每一幢建筑都可以套用同一种基础。44 年前，笔者参加了一次考古发掘工程，在南京北阴阳营新石器时代居住遗址，将近四米厚的文化堆积层断面上清晰地显示出三千年来人类文化的遗存：最底下的生土层是新石器时代人的葬地层，其中埋有磨制精美的玉、石器物及原始陶器；其上一层就是他们生息的地方，留下红色的烧土面，那是当时人们居住的室内地板，还留下柱子的窝穴遗痕；再上一层是铜石并用时代的堆积；再向上便是层层堆叠的瓷片、瓦片及各类建筑遗物，直到地表的耕土层。当时，南京大学在此处营建教师宿舍，当代建筑师就在这块清理了的土地上将南大教师宿舍的基础一直做到最底下的那一层生土上，因为现代建筑的楼房基础应满足力学的荷载性能，将原始的老土作为结构持力层。这一全过程最清楚不过地显示了历代先人的传统习惯，他们将当代建筑在前代的废墟上夯实后营建，这种历史的惯性持续了很久很久，难怪那个时代建筑文化科技发展迟缓，直到如今才打破了传统的落后状态。然而，这种打破，并不是对传统的建筑文化之否定，而是在发展环节，即对过去相对落后的基础构造环节的否定和优化。

上述情况深刻表明，现代文化不应当仅仅建立在前一代的基础上，创新的设计应当从文化源头开始，从人们生活的最实际的需要出发。同时，现代的设计还应从当代生活方式的基本点，在从无到有的意义上去创造，这一出发点实际上与古人的初创完全是一样的，只不过是时代所在层面不同而已。因此，积极的传统精神必然具有现实的意义，而我们持续着的，对于我们的后代也是传统文化的一部分。

认识到传统文化的发展并不只是子代对亲代的继承关系，而且包括对前代、历代及远代祖先，对整个家族、民族世系的全面继承，并将这种精益求精的传统精神与当代进步的需要相结合，这就需要一个认识了解与研究的过程，一个对传统文化的价值进行辩证解析与评估的程序。这就不是像过去手艺人拜师傅学生意那样简单的事了。

对于观念更新的科学性理解是个极为现实的问题。跟传统的落后观念决裂，同时要明白决裂之后的状态。决裂并不是下了个决心就可能杜绝后患，传统观念中的封建意识被揭露了，批判了，然而要肃清它的流毒却有一个非常艰难的过程。如今，个人、家庭和社会的大部分不安定因素均源自封建残余的流毒：霸道、无赖、贪婪、怠惰、自私、愚昧，还有疯狂泛滥的道德败坏，这一切邪恶并未消失，而是换上一套时装蹒跚而来，招摇过市。决裂后留下的如果是一个不够坚实的观念领域，那些毒素还是会变本加厉地乘隙而入。如果蜕变成一个形新实旧的虚假观念，那个变相的“新”观念是否还具有更坏的欺骗性呢？是否还会出现一种以“反传统”为名，行打击优秀传统之实的什么名堂呢？所以，关键的关键是须要把握住作为主体自我的纯真，不能丧失了自己固有生命力的健全存在。观念的转变是围绕着主体轴心呈螺旋状转变的升华，那才是稳定可靠的进步。所谓观念的更新绝不是丧失根本立场的位移或者是摒弃自我本位的横向翻滚,如果是那样不由自主地翻来滚去,那么,这个市场,这个世界将会没有我们应当据有的位置和既定的坐标。历史上不无消失了或者流离失所的文化,而它们无不是由辉煌的文化因某种失误而败落至于悲惨的结局,莫非是他们当初没有或不愿聆听民族传统文化警世悟道的钟声!

我们需要时尚来刺激发展,让时尚为传统文化朝向新的时空迈进而鸣锣开道。但是,为什么不能创造自己民族文化传统的、独树一帜的新时尚,而偏要盲目追求"欧陆式"的西方历史剧中无根无基的舞台布景呢?难道我们当代的建筑文化只会模仿西方封建时代的古典城堡吗?荒唐的是有一个县级市将社会主义的政府管理机构建成那种模样,这座建筑还有名副其实的社会形象、性格与尊严吗?外国人确实精明,瞧他们在中国历史博物馆展厅中全神贯注,认真学习的劲儿,然而,他们开放的头脑绝不丢掉自己固有的传统精华,绝不迷失本性,当然也绝不容纳我们传统文化中落后的辫子、小脚与大烟枪。

民族的自信心源自对传统文化透彻的"解"。

改革开放以来,我们的建筑营造业绩与成就确实是有史以来最伟大的,然而,在创作思想上须要很好地继承传统建筑在基本构节上丰富的生态理念,发掘潜在的生态文化资源。有些构造十分科学的老房子,还来不及专家去调查研究就被拆掉了。20 世纪 50 年代,在吴文化的故乡诞生了一部中国建筑经典名著《营造法原》,但是,对于建筑传统的生态理念的研究与发展继承,尚待进一步深入。现代生活与环境科学对生态建筑及建筑生态性的探索是人类建筑文化未来的主攻方向,这既是时代的要求,也是传统的必然。我们既要吸纳外部世界日新月异的精彩,也应认真发掘内存于传统文化宝库中丰富的矿藏,铸造中华建筑新时代的民族魂。能深刻体现世纪进步的建筑文化有待于设计思想的真正开发,而首先须要开发的是我们帽子底下的那个世界。"文如其人,画如其人。"只有观念科学、素质高尚的建筑师才能设计创造出适应时代进步的伟大作品。我们走过了一段弯路,然而,"实迷途其未远",传统文化的钟声在召唤,招呼我们那尚未迷失的魂。振奋起来吧,回归传统大地富饶的故乡。

原载《传统文化研究》第 11 辑(2003 年 12 月)

梁鸿评传

时光留下历史的烟尘，将世代文明的遗存深深埋藏。在古城苏州金阊胜地沉积丰厚的文化断面上，有一行凝重而敦实的踪迹贯越近两千年的悠远时空，从中原辗转千里驻足江南。这双脚印的主人公就是本传所要评述的东汉名士梁鸿。

梁鸿，字伯鸾，陕西扶风平陵人，出生在西汉末年王莽篡政的动乱年代一个没落的仕宦家庭。梁鸿的父亲梁让原是镇守北地郡(今甘肃宁县一带)的城门校尉。本来，一个屯兵数百，俸禄千石的武官也属有地位的人物，无奈在连年兵荒马乱中，不堪战火洗劫的灾难折磨，终于积害成疾，一病不起。因时局混乱，临终时仅以一顶薄席草草安葬。

幼年梁鸿一涉世就面临着苦难人生，在他稚嫩的心灵中对天下的混乱深恶痛绝，残酷的现实让他过早地悟知：灾难缘自世人的无知与邪恶，如果人人都能修治德行，善良处世，天下就会太平。待到东汉建立，社会恢复安宁，少年梁鸿就开始在家境十分贫寒的条件下打工、放牧，刻苦读书，立志要做一个有学问的贤士。十年寒窗后，在母亲的辛勤培育下，16 岁那年，知书达理的梁鸿就告别家乡，到京城洛阳当时的最高学府太学深造。他在知识群体的浩瀚学海中驰骋，博览群书，增广见闻，思想日趋成热。东汉时代相对宽松的学术环境对梁鸿这样一个饱尝人间疾苦的青年学子来说，是一个获得个性发展的理想空间，儒家的道德人格和气节观念及其行为规范正是务实的知识青年得以立足于世的精神支柱和现实的人生追求。梁鸿属于积极进取的一群，在理念上虽然恪守并坚持奉行儒家的主张，但不人云亦云。他尊重传统，却不墨守成规，且乐于展开探究传统内涵的独立思维。他不搞章句之学，不盲目追随“独尊儒术”的权威与时髦，也不玩弄封建迷信的“谶纬”神学，而对先秦以来诸子百家的进步思想认真地择优广纳而行之。他明白，治学就是探索学问的出路，找到学问的出路才称得上有“出息”。否则，因循守旧的必然结果将是重蹈西汉末年天下大乱的覆辙。

从太学毕业后，梁鸿并没有涉足仕途，父亲的遭遇已在他心头烙下惨痛的伤痕。读书志在圣贤，不是为了做官，再说做官也未必都要读书。有史为鉴，官场的生活容易使人堕落：指望以下属对自己的献媚来补偿自己在上司那得到的同样可怜的屈辱，分明是糟蹋了人的尊严。一个有思想的读书人不值得奉陪着无聊的玩世者消磨自己可贵的人生，却有责任用知识去唤醒世上酣睡着的人们，摇撼那些麻痹的灵魂。梁鸿崇尚墨家学派的作风和生活方式，认为读书人要会做实事才谈得上贤能。离开太学之后，他就到宫廷苑囿“上林苑”去养猪，有人认为可惜了，他却不以为然，一个人连猪都不会喂养，他又凭什么去培育比猪高贵的人呢！再说，“上林苑”的环境是他深入生活的无限天地，这里有供观赏和狩猎的珍禽异兽，有天然与人工集萃的奇卉名果，有形态各异的建筑和离宫。构石叠山、挖池理水、圈地养殖，虽劳碌，却充实。这集人间精华的三百里方圆，是自己体验并鉴证学问的绝妙场所。

做了几年，谁知好景不长，一场火灾改变了他的生活道路。在砌筑灶间的工程中，匠人不听从梁鸿“曲突徙薪”的劝告，又违背了墨子“突高四尺”的古代建筑工程规范（烟囱应高出屋面四尺，汉制四尺合今92厘米），结果，因火星直冲屋面，散落茅顶，引燃蔓延，殃及隔壁的房子。梁鸿觉得，没有说服匠人是自己的过失，就主动承担责任，将所养的猪赔给邻舍，对方还嫌不够，梁鸿说：“我没有别的财产了，要不然，让我替你干活吧！”于是，他辛勤地为房主打杂，从不偷懒。周围的老人们见梁鸿不是平庸之辈，都齐声责备那房主而称赞梁鸿诚实厚道，邻人自觉过意不去，对梁鸿也另眼看待了，并将猪还给他。梁鸿不肯接受，就离开“上林苑”，回到家乡。

梁鸿回到扶风的几年为家乡做了不少善事，而且每每事必躬亲，身体力行，深受众人爱戴。到了而立之年，家乡远近四处都仰慕他的高风，许多人都想把女儿许配给他，梁鸿都谢绝不娶。同县孟家有个女儿，长得既胖又黑，力气大到能举起石臼，父亲为她挑选好几个对象都不中意，直到30岁还没有一个觉得称心。父母问她为什么，她说，要挑一个贤如梁鸿的人做夫婿。梁鸿知道了，就同意这门亲事，跟孟家小姐订了婚。孟女要父母为她做好布衣麻鞋，准备好编织箩筐和搓麻线的工具。到了出嫁那天，她才梳妆打扮进了梁家。可是，结婚七天梁鸿都没有理她。新娘子于是跪问新郎：“我听说您品格高尚，回绝了好几个姑娘，我也打发了好几个小伙子。如今您对我冷淡，我岂敢不向您请罪呢？”梁鸿答道：“我希望娶的是身穿粗布衣服，容貌淳朴的妻子，她跟我一起过日子要肯同甘共苦,努力钻研学问。你今天穿着锦绣丝服,脸上涂脂抹粉,还勾画眉毛,哪里是我梁鸿所希望的样子呢?”新娘子笑道:“我这身打扮正是为了试探您的意向,其实我早已准备好朴素的衣服。”说着把头发梳成椎髻,穿上粗布衣服干起活来。梁鸿高兴极了,说:“这才是我梁鸿的妻子了,刘向说过:‘丹漆不纹,白玉不雕,珠宝不饰,何也?质有余者,不受饰也。’本色才是真实的美丽呀!”梁鸿为妻子起名“孟光”,取字“德曜”。

婚后的生活非常美满,夫妻俩情投意合。有一天,孟光问:“常听说您要隐居山林做学问,如今却不见行动,莫非想苟安世俗,随大流混日子啦?”梁鸿马上回答说:“正好,我就等您这句话。”于是夫妻双双离家住到长安郊外的灞陵山中,男耕女织,维持生计。对于文人学者的避俗隐退,局外人往往武断地认为是逃避现实,而实际上他们恰恰是为了进取。当艺术与科学缺失宁静自由的创作环境时,摆脱车水马龙的尘嚣干扰正是力争事业生命价值的责任选择,更何况原始简陋的山野绝非享乐苟安的温床。威震天下的《孙子兵法》不就是孙武躲在吴郡乡下寂静的穹窿山林默默写就的吗?梁鸿和孟光在山乡排除了干扰的宁静中,为高风亮节的前代士人,为汉初“商山四皓”以来的24位名士作颂,从而丰富了民族的文化宝库。正是这些作品凝聚的精神营养对净化人的灵魂,提升后人的文明素质和觉悟起到启蒙的教育作用。

梁鸿不辞劳苦,坚持深入乡间体察世态民情,目的是要唤起每一颗善良的心,启发他们摆脱愚昧,获得聪明。建初元年(76)秋,他东出函谷关,在经过京城洛阳时创作了一首在中国文学史上闻名古今的《五噫歌》,诗歌的大意是:“登上北芒山啊,脚下尽是那帮王侯公卿们的坟堆,再回头望望京城吧,那高高耸立的宫殿不正是他们生前花天酒地的淫乐窝吗?知道那些建筑是怎么竖起来的吗?是千万黎民日夜辛劳的血汗,是他们的生命和泪水凝聚的结晶。老百姓无边无际的苦难啊,什么时候会有一个尽头呢!”诗歌唱出了人民的心声,而且那激情的五个“噫”字抒发出对统治者荒唐残暴的惊异与悲愤的感叹,诗作以其深刻的艺术感染力震撼着世人的心,因为人们目睹现实的悲惨世界与概括在诗情中的控诉产生强烈的共鸣。一代又一代统治者的疯狂几乎有增无减,为了享乐,他们砍树伐木,毁林造屋;破土截流,弃田烧砖;欺害同类,鱼肉百姓。他们糟蹋社稷江山,恶化生态环境,造孽子孙后代的罪恶将遭受后人和人类历史的唾弃。然而,也就是因为这首真情实意的诗梁鸿还险遭汉章帝的追捕,追捕不能得逞就鼓动御用文人散布恶意毁谤的谗言。迫不得已,梁鸿只好隐姓埋名,改姓“运期”，更名为“燿”，字称“候光”，和妻儿一起避居齐鲁一带。

过了一段时间的流亡生活，梁鸿决定继续南行，目的地即后来称为苏州的吴县。临行时，他又作了一首《适吴诗》，诗中抒发了感情世界的苦闷和心中的理想：“我又要出发远行了，心中无比忧伤。家乡的风俗不好，当政者任用不贤而废贬正直的人，昧着良心恶毒中伤。赤胆忠心的我满腔热忱，但无法实现胸怀的抱负。然而，逆境动摇不了我无愧于独立人格的坚定意志。我要到吴地去，指望那里的人们贵贤尚德，能尊重我不同凡俗的高洁。好恶由己，不必为别人而喜怒。我愿弃车乘舟，到延陵去寻访季札的遗迹，到海滨去求觅鲁仲连的踪影。晚春时节美丽的景色，枝叶的茂盛，花儿的芬芳都会因时而异的，失落无法排遣，但人言可畏，恶劣的处境令人恐忧，留在这里太无聊了，没有必要将短暂的人生耗费在这是非之乡，为了完成未竟的事业，到一个干净的地方去吧。”

建初五年（80）仲夏一个阳光明媚的日子，梁鸿夫妇带着孩子一路艰辛来到吴郡县城。这是一处向往已久的地方，风光秀丽、气象新鲜、街市繁荣、秩序井然。他们在阊门城内皋桥上岸，受豪门贤士皋伯通的照顾，客居皋家的廊屋里。梁鸿仍以劳动谋生，受雇为人家舂米。每当下工回来，妻子孟光就做好饭菜，放在食案（带有矮脚的方盘）里，然后双手托举眉前，敬奉梁鸿取食用餐。皋伯通

见了很惊异，说："那雇工能使他妻子如此恭敬，定非等闲之辈，应以礼宾相待。"随后，就请梁鸿入住他家中。这就是中国成语中关于夫妻相敬如宾的典故："举案齐眉"（见图）。从梁鸿与孟光的关系和表现看，这里并无男尊女卑的封建色彩，倒是显示出一个天经地义的真理：要让人家看得起，首先应尊重自己。梁鸿不是在患难之中易名为"燿"，改字称"候光"的吗，我中有你，珍爱妻子，不言而喻。古往今来，夫妻相互尊重、融为一体是家庭生活的基础。人生的完善在于平衡"人"字的另一半，这是爱的人性修养。

吴地空气湿润，物产丰富，文明和睦，更善待老弱妇孺及远方来客。令梁鸿如愿的是他在这里感觉很舒畅，特别是遇上皋伯通这样的知己。

定居下来时，梁鸿已近花甲之年了，苦难的风雨人生终于找到理想的归宿。也是苍天恩赐，有孟光这样患难与共的贤内助。晚年的梁鸿幽居苏州城西天平与灵岩之间寂静的山林，静心著书十余部，让奋斗终生的抱负开花结实，也将孩子培育成一个富有学识的人才。

梁鸿的著作传世的不多，但影响深远，其超凡脱俗的风格与务实的精神独树一帜，在当时历史条件下显然要碰壁，但他敢于向现实生活中邪恶的惰性与惯性挑战，决不低头，以忠诚的治学态度，力排世俗的虚伪，锋芒直指社会时弊和统治者的昏庸与腐败，充满对民众疾苦的同情、对恶势力的讽嘲与对读书人怀才不遇的哀怨。他感人至深的奋斗精神与道德情操对吴地社会风气和人间美德的建树、对后世苏州科技艺术和文化的昌盛不无积极的影响。

饱经风霜，历尽磨难的梁鸿在晚年身患疾病。大约在汉章帝元和年间，一个忠于生活，卓具自主思想和独立人格的进步学者终于告别人世。在弥留之际，他请求皋伯通不要将自己的遗体运回家乡安葬，他要安息在东吴古城这片理想的净土。但是，他关照爱妻孟光要将孩子带回家乡，要将吴地人道的馨香和开明的城市风尚传回中原。古老的文化发源地应从后来居上的新天地中找回自己开拓时代健康的生命活力，传统文化宜由发展文化来激发固有的能量。发掘文化遗产等于是在新的高度利用新的技能开采历史积淀的地下矿藏，温故知新从来是华夏民族长盛不衰的希望。

梁鸿过世后，皋伯通遵照他生前的愿望，在古金阊亭南的要离墓侧择地安葬，因为义士的壮烈与学士的清高同样闪耀着人性的光辉，值得后代肃然起敬，永志纪念。

2004 年 2 月 8 日写于苏州饮马桥，原载《苏州杂志》2004 年第 5 期

福田本是凭心造

——木渎中学新校舍建设基地上沙村环境勘察

甲申孟春,料峭春寒中一个天气晴朗的日子,应建筑设计院景观所唐剑所长邀约,我们驱车前往木渎中学新校区所在的上沙地块进行设计前期的现场踏勘。

校址选择在天平与灵岩两山之间的马鞍山东麓一片平坦而广阔的台地上。汇集着山涧清泉的上沙溪水从赤山坞流出,蜿蜒东去。灵天公路正好是校区的东部边界。那里山清水秀,从总体上看,自然环境条件十分优越。可见规划部门定点选择用心良苦。记得有一位西方哲人曾经说过:“教育是人类第一大善行。”为学校提供这样一片风水宝地营造知识广厦和学术芳庭,真是“广种福田”的神圣恩德。这里比人才辈出、地处文庙的九中意境更为优美,深信也将会是名校木渎中学孕育精英的理想家园。

我们沿着基地周边实地勘察,像珍视一块高贵的衣料一样,逐项分析推敲空间裁剪的层层构想,将形象思维的意念轮廓在心中勾勒。随后,又在几个主要点位环顾四周,搜索天际线上对空间构图可资借景的对象,静心体验不同场域中情景空灵的种种感觉,通过对环境实景的亲身感受,寻觅和捕捉创作灵感。我们看到在南天之下,天光云影织成的天幕映衬着远景中挺立山顶的灵岩塔影,这一属于在环境建筑学中称为“朝山”的典型构图无比优美。近景中的照山(俗称兔子山)相当于风水学中所指的“案山”,与远景相叠,形成丰富的空间层次,那种辽远感令人心胸豁达开阔。环境的视觉冲击与熏陶有益于未来的莘莘学子冶养对远大前程的信念气质。但遗憾的是兔子山的“鼻子”竟被砍掉了。再往右偏转,照山与马鞍山相拥的赤山坞局部也被挖去了青山美好的“皮肉”,露出嶙峋“残骨”,这是多么“煞风景”!再转向西边,马鞍山、大小焦山层峦叠嶂。幸好,山体东坡仍是郁郁葱葱,被开采的采石场是在山体的西坡,谢天谢地，只要脸面无损，背后就顾不上了。继续转向西北，在马鞍山的北端，于天平的余脉鸡笼山、鸡爪山之间有一山坳，口部现存一堵半截埋没地下的摩崖石壁，此地就是清人沈三白在《浮生六记》浪游记快中描述过的山居妙境“无隐庵”遗址，沿着起伏的山坳，一道曲折的山涧水渠涓涓流淌，可以想象，此处在山林山体遭受破坏之前的景致不会比杭州的九溪十八涧逊色多少。环境幽雅的上沙村上，当年曾建有明代画家徐枋的“涧上草堂”、明末高士徐白的“潷上草堂”和东汉诗人梁鸿隐居的茅庐，那些山间林中的幽居，环境清静的读书处可能就坐落在附近，如今已全无形迹，而且环境质量已今非昔比了。转身仰视北方，高大的天平山似一座天然屏障，这吴中名胜的雄伟气势构成校园巍然壮丽的背景。至于朝阳升起的东方，则海阔天空，正是学校环境功能上最理想的自然条件。如今的金山虽然已经禁止开采，但其山形已经无法描述了。眼不见为净，也只能用校园区域环境的绿化手法就近掩障。

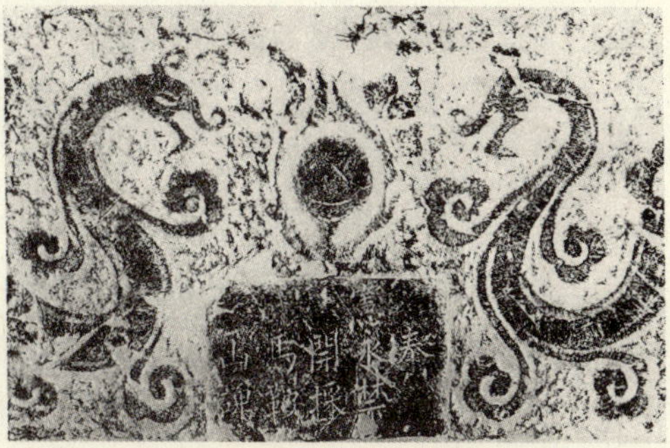

怀着对建筑基地人文历史资源的兴趣，我们走上无隐庵被土石与香火堆积遮掩着的摩崖石刻旁小憩，坐在一方冰冷的石头上，顷刻间，似乎感觉这块青石也许有些来历，我们俩奋力将石头翻了个身，好像有字。第二天，又带了宣纸、白芨和墨朴，拓了一张碑帖，竟是一块碑额，左右二龙戏珠，中部下方碑名为“奉宪　永禁开采马鞍山碑记”（见图），可是碑身和碑座却怎么也找不到了，碑文已无从查考，但可以猜测这是一块不准山民采石毁山的官方文告。也是我们祖先历来重视环境保护的明证。

在与村民的接触中，我们得知，从现存无隐庵遗址北侧的山坳中，冬天山后吹来的风非常阴冷。受原来茂密的山林由于采石场滥开发的严重影响，如今背后的山体已经严重残缺并且荒秃。传统风水理论中有关“停风留气”的概念，已经在实践中得到验证，并为现代环境景观学说中的“场论”所认同。

本着趋利避害的原则，校园总体设计就将冲着风口位置的学生宿舍稍作调整和偏移，并围设一道土坡，其上再种植防风林带，这样，既可避开寒冷气流的侵袭，又不影响自然循环的畅通，还在营造高低错落的竖向变化中取得与周边山水景观相互协调的空间效果。

被破坏的山体将采用现代科技的方法进行必要的复原和再造,在修补整形后喷敷“种植混凝土”或采取回填耕植土等其他措施重新绿化。

校园内部的水系将遵循自然的生态原则,让上沙这条由历史流传至今的生命长河,作为文化脉理连绵不断地继往开来,将校园水环境的设计视为体现空间文化内涵与性格特色的一个重点。这里用得上南宋朱熹那首关于读书的诗:“半亩方塘一鉴开,天光云影共徘徊。问渠哪得清如许,为有源头活水来。”让环境景观设计的艺术魅力和有效功能在教育改革中推波助澜,促进教育事业的繁荣,这也是建筑师的一份心愿。

从设计前期对环境的现场踏勘到紧接着进行的设计事务全面完成,工作的始终秉承着国家对于教育事业和环境建设空前重视的思想。在目前正在紧张施工的阶段,我们才有一点时间坐下来就环境调研和设计静心作一番理性的思考。

“发展就是硬道理”,但如何发展,始终存在着观念的差异。观念更新,新在科学的真诚。誉为“天堂”的苏州靠的是得天独厚的环境、深厚积淀的文化和人的良好素质。其实,环保意识的传统觉悟早已镌刻在倒卧无隐残垣下的那块碑石之上,环境本来是“天堂”巨厦的基础,为了谋求物质财富的私利而不惜糟蹋不可再生的环境资源,等于是自己挖自家的墙脚。狂采滥伐使遍布青山的经济作物生长面积骤减,让矿石有害放射源扩大,使山林水土保持能力削弱,造成旱涝及环境气候的恶化,也害得景观破败和旅游景点消失。对于那种无视经济效益而唯利是图的“发展”所造成的恶果,我们再也不能掉以轻心了。

艺术大师吴冠中先生曾经一针见血地指出:“美盲要比文盲多。”“美”并不等于“漂亮”,也并不在其本身。美,是一种关系的和谐及相互的完善。懂得美的人能够做好每一件事情。我们往往终日奔忙,怀着各自认定的评价准则,孜孜以求谋取私利或者公益,但有时摆脱不了目标外围穿着漂亮外衣的伪目标的欺骗、作弄或羁绊,当然也包括金钱和地位的诱惑。无论何种行业的经营,靠山吃山是享受大自然和前人的恩赐,养山护山却是后人在享受的同时应尽的责任。耕耘好祖先的创业丰田,在保护的基础上发展,才是每一代人光前裕后的本分,怎么也不能为发掘财富而刨断了命根子。同属于开拓性的策划经营、设计和创作则更需要扎扎实实、全心全意地投入。既是创新,就不能“借鉴”现成,或者套取他人的成果,或者追求表层浅薄的感觉,轻易拷贝或模仿那些华而不实的空中楼阁。“美盲”,就是没有追求美的虔诚之心者,甚至也可能是在某种条件下"混"得不错的人,当条件变化或"发展"到一定程度,就求福不成,惹祸有份了。

"福田本是凭心造",凭的是一颗忠诚于科学的爱美之心。在上沙村环境变迁的建设工程中,我们自修了这样一堂认识课,悟出了一层粗浅的小道理。如果有益,诚愿与读者诸君共勉。

原载《苏州杂志》2005 年第 2 期

古刹遗梦

——重元寺遗址怀古

45年前，我随南京博物院考古部来苏州进行文物调查时，曾在唯亭草鞋山东南不远处见有一座历经风雨剥蚀的石经幢，此系弥足珍贵的晚唐佛教文化遗存《唐陁罗尼幢》。当时，还记得在其西侧有一所学校，地势北高南低，疑是唐代名刹重元禅寺故址。

"文革"动乱中，得知该石幢被毁。那年头，对荒唐事谁也不敢声张。在回苏度假期间，我曾特意去现场暗自寻访一番，就地拾得残石一颗，悄悄带回供奉案头，聊以寄托痛惜之情，也权当镇纸，规范是非。

去年仲夏，为协助古建专家毛伟国先生做重元寺复原设计方案，遍阅历代建筑文献，仅从《唐国史补》中获得寥寥数十字的简单信息，也在《元和唯亭志》里觅知有关重元寺的些微记载，但亦全系文字描述，究竟形迹构架是何状态，憾无片瓦可稽。困惑之中，茫然不知该从何处入手。是夜，万籁俱寂，伏案沉思，悠悠然，朦胧中，但见手握的那颗不甘于丧失灵性的石头竟成鼠标，几番点击，将我引进了意念中的那个境界……

图1

时光倒流一千一百多个春秋，情景回放，定格在遥远时空那清纯碧透的古阳澄湖畔。

闻名江南的重元古刹被层层茂密的松林与缥缈轻烟簇拥在湖光山色与苍茫天际

之间。举目远眺,那一派意境幽丽的风光跟唐代画家李思训笔下烘染玲珑的金碧山水何其相似!雾开烟散之处,隐约可见寺院内外熙熙攘攘的人群。渐渐地,以钟磬渔鼓协奏着的梵呗音乐由远及近,此起彼伏。壮美的旋律和着一阵阵虔诚的诵经声浪似连绵不断的温泉,柔韧地冲淋着,按摩着周身的肌肤和神经,令人油然涌起一股回肠荡气、感心动魄的亢奋和与时俱深的殷切神往。

在漫天雨花之中,重元禅寺雄浑的气象不正如我们在敦煌莫高窟壁画中所见太平盛世的祥和图景吗:这风和日丽,香火缭绕的灵空乐土;这德高行尚,爱心普济的和谐人间!

然而,日新月异的世界总是那么捉摸不定地在变异中不息浮沉,当弥漫着诗情画意的良辰美景尚来不及让人们悉心体验,骤然间,天昏地暗,地动山摇,阵阵巨响。唐大和六年二月十日,苏州遭遇了一场不大不小的地震,无数民房震塌,余震延续了一个多月。震后的草鞋山、夷陵山以北局部的平地渐渐沉陷为湖,两山南麓原有的一片水域却逐年升起,并由低洼的湿地变为平原。重元寺所在位置及草鞋山新石器时代遗址原本都是坐落在依山傍水向阳的台地上,如此一番起伏,让寺院建筑遭受重创。

修复工程延续了许多年,当普明法师就任住持方丈时,后面的毗卢宝阁又坍塌了一角。怎么办呢,修缮木结构的楼阁并不比营建新屋来得容易,老方丈在山门外张贴告示,愿出重金招聘能工巧匠,修缮毗卢宝阁。然而,许多天过去了,却没有一个匠师应聘。又过了许多天,正当普明急得一筹莫展,小沙弥进来通报说,山门外有个野和尚自告奋勇,声称还原有术,寺阁不难修治。普明方丈将信将疑,出门一看,见是个衣衫褴褛的游僧(见图1),竟说不必破费这么多钱,只要吃饱肚皮,提供斩、刨、截、凿工具一套,杠、杆、绳索和零星木料,再安排身强力壮的僧徒一名就行。方丈见来者不以为然的傲然气势,心中迟疑:“莫非又是哪个寺院的刁和尚不守规矩,被赶出佛门,流落江湖,到此混饭吃来了?”正犹豫间,那僧却振振有词道:“若然修缮不成,甘愿任凭处置!”普明揣摩着:“天下名寺大刹均由朝廷勅封,供养‘住持三宝’的佛堂、经楼、殿阁、僧舍,若长此以往残损失修,则关系到香火衰盛,当家和尚责任重大;而若是这游僧修坏了,那可是他的罪孽了。”“好吧,”普明毅然应允,“佛门戒律,和尚自知,此修缮工程乃德高望重的庄严之举,非同可小,限你一个月修好,不得有误,阿弥陀佛!”

于是,那游僧每在餐足饭饱之后,总是不紧不慢,胸有成竹地将短料木棍锯截成长短不一的杆材,把零星木块斩劈为大小各异的木楔,装入布袋,带着普明住持差遣的那个柴头和尚爬上楼阁,有条不紊地干起活来。但见他时而凝神观察,或托腮沉思,或搔头摸耳;时而在梁柱枋间,爬高就低,丈量比划,或支或垫,或撑或托(见图2)。偶尔还使劲吆喝着柴头和尚:"抬举——""顶住——"自己则攀缘在卯榫枘凿处轻重有致地旁敲侧击,卡插嵌填,一丝不苟地认真操作。这样,不慌不忙地劳碌了十多天,在最后的那个夜晚,则紧张折腾了整个通宵。黎明之时,濒临倾塌的寺阁居然奇迹般地牮正扶直了!又补上断椽缺瓦,戗角也一如往昔原有的雄姿高昂地耸起,确如他当初庄严的承诺,妙手回春,复原如故。

图2

普明见了喜出望外,连称:"功德无量,阿弥陀佛!"他禁不住满心的喜悦,要操办盛宴,款待这位貌不惊人的智僧。此刻,他才猛然想起连这位神通广大的和尚名字都没有打听呢,心中满怀歉疚地询问:"敢问上人法号,何方人氏,来自何地甚宗名山大寺?"游僧答道:"贫僧怀濬,素愿为世事鸣不平,喜张扬先见之明,揭恶扬善,遂得罪地方官吏,被疑为欺世惑众的'怪诞'之流,于是以四海为家,云游天下,诚愿为众生行善而不图回报。至此见贵寺规模庞大,然肥梁胖柱,阔檩深檐,有大材小用,糟蹋物料之虞,如此不惜资财,疑为官吏与工匠勾结而从中渔利之弊,须知凡处事过犹不及,宜恰到好处。好大喜功,挥霍浪费,暴殄天物,无济于楼阁之稳固,亦非谋佛门兴盛之德举,实乃隐患其中,诚愿方丈留意,妥善根治。否则,巨刹名寺难以流芳千古矣!"

方丈感激不尽,正转身欲找监院和尚张罗优待怀濬之事,想不到回头时已不见客僧的踪影。只见方丈奔走呼唤,竟未闻有寺僧回应。唯独笔者追随其后,谁知过山门时被门槛绊了一跤,跌到重元寺外的青石地面。哟,怎么变成木地板了……

猛然醒来,睁开眼睛,原来竟是南柯一梦。可是那怀濬和尚呢,莫非就是那个他吗?赶紧翻开《全唐诗》,卷第八百二十五,见到了。怀濬(浚)诗曰:

家在闽川西复西,其中岁岁有莺啼;
如今不在莺啼处,莺在旧时啼处啼。

家在闽川东复东，其中岁岁有花红；
而今不在花红处，花在旧时红处红。

这首诗的出处虽另有一段故事，但其隐寓的哲理也许能为探究重元禅寺从繁荣到消亡的因果提供线索。不妨让我们在当今设计现代生活的辩证思维中，通过解读怀濬的诗文，获得一点粗浅的参悟。

我们都来自智慧的故乡，那鸟语花香、生气勃勃的博爱乐园，如今，我们已不再置身在那个神圣的源头世界，那个曾经并且持续着生态活力的传统原野。你当前所处的现实环境，也许比不上彼时彼地的那个世界，因为此地连鸟儿也找不到了，花儿也开不齐了。当初造就你我生命的本土与灵魂的家园，或者当初曾经荒芜的地方，此刻依然或者说正在顺应着天时地利的大势在迅猛腾飞，在完美地发展进化着，那儿的花正开放得比昔日更美更红，那儿的鸟也正鸣唱得比彼时更悦耳、更嘹亮。你必须在此时此地让原本搏动着的那颗赤诚的心继续推动智慧的力量，沿着以往曾经致力的方向和道路行进。可千万不能执着那并不属于当前，更不属于自己的功德，痴迷地追求世俗的虚伪而沾沾自喜，怠惰而不思进取，不然，那既得的辉煌必将暗淡，甚至消失。

史料相传怀濬是个精通诗文、书法、星相术数及学问研究的智僧，具有敢于“异想天开”，向保守世界挑战的创新思维，科技方面有丰富经验。他通过诗意含蓄地点明了对于世间包括重元寺在内的建筑隐患的分析：一味追求高大、粗壮和厚重，以图显示富有和荣耀，其实是多么空虚！物质世界的生灭和盛衰无非是因缘的聚散和人类智慧的作用。对于人或物的浪费及盲目承袭的支配或营构，只能导致适得其反的结果，比如栋梁，笨重反而是负担，怀濬这种在当时足以被诬为“怪诞”的真知灼见遭到必然的否定，直到近代桁架梁技术发明，其建筑理念才得到认同。愚昧的保守性可能是重元寺至今片瓦不存，消失殆尽的基本原因。当然也并不排除罹受自然或人为灾难的洗劫，这些尚须由考古发掘来鉴证。

至于我们今天是否有必要重新营建一座仿唐摹古的寺院，这似乎是一个与创新相悖的话题，值得商榷。“重元”者，正宗也，是正本清源或周而复始的轮回，也兼有复兴的含意，但复兴并不等于复古。国际上约定的共识并不提倡新造假古董，因为造假与维真的习惯会影响并导致截然相反的两种品德。文物建筑应千方百计地维持或保存真实的原物原貌，哪怕是遗址或废墟，以促进保护观念的纯真与坚定，这也是国家文物政策铁定的原则。这是一个方面。而另一个方面，每一个时代都有其各类建筑的典型和骄傲，美国迦登格罗夫水晶教堂、法国朗香教堂等现代建筑都没有模仿古建筑，然而其创新的魅力却为人们提供更为强烈的空灵体验。再说，赝品并不能体现真实的历史价值与时代进步。但这种观念也许并不能让当今为数不少的人接受，因为惯性一直束缚着人们思维的自由度，习以为常的生活对一切都是熟视无睹的，但一旦辩证思维的科学性让摆脱现实羁绊的梦幻理想起作用，触动心灵深处天真的诚信，有时会获得来之不易的自我启迪。

（本文插图由画家顾曾平绘）

原载《苏州杂志》2005 年第 5 期

百家巷项目方案评审阅读报告

投标的6件作品分别将"苏地2002-B-12号地块"的规划题材作了总体空间的精心裁剪,都有新颖的深刻创意。经反复体会,仅将个人理解的感悟摘要如下。

一、关于在拙政园周边保护区内营构协调的环境体系的设想

建筑及其与之相拥或围合的空间是具有生命机缘的"场"。跟拙政园相邻的场域,不因围墙的分界而截然分隔,因为自然空间并不存在边界。园林和居宅是组成城市生活肌体的两类细胞,相邻细胞膜之间的渗透与作用取决于生命机体生成活力的需要。建筑创作上有一句话,叫做"认清城市的基因"。这一概念适用于环境总体的关系和建筑单体的生成构造原理,甚至也适用于生活、社会、事业和行政策划。生物学的科学理念对于各行各业是可以触类旁通的:子代从亲代获得的控制遗传性状的信息通过脱氧核糖核酸(DNA)的复制遗传信息由亲代传给子代,在子代的个体发育过程中,又由DNA转录给核糖核酸(RNA),然后通过它翻译编码,生成特异蛋白,以执行各种生命功能,并发展成遗传状态,从而保持子代与亲代之间具有遗传的相似性,即保证物种的相对稳定。在这个过程中,若RNA有致癌病毒,则会"倒流"给DNA,从而控制蛋白的合成,导致遗传信息将病毒从亲代传到子代。传统与现代的转换中,具体地说,建筑传统的继承和创新中的变异、发展、转译和编码生成同样是这个过程,从古典园林到园居到现代园林化的居宅,从拙政园到百家巷社区……既要认清功能性质上的差异,又要从基因分析原理代入设计因素的转译,求得合情合理的科学设计策略,以防止生命本质的病变。

一个尊重传统的城市是不朽的,拙政园被国际社会认定为"世界文化遗

产”，苏州人民尊重祖先文化产业并大力继承和保护，才使得国宝代代相传。在每一代亲子相传的过程中，先人们把握好各个环节理性的适应，防备和安然地转移，从而维持健康的生存，默默地以智慧力挺彼时“时尚”的狂澜，保全了文明的家园。

在今天百家巷的设计中，我们须要继承发扬这种精神，为的是与传统精神协调，经营好拙政园周边的保护区建设。

二、关于如何使历史名园保护区获得新生的思考

保护区并不一定要再造古典园林，文物保护政策要求文物建筑应得到千方百计的保护、修缮，但新建假古董是没有价值的，因为继承传统并不是要复古。传统是一条有生命的天体银河，传统不只是既往的“历史”，传统只有在发展变化的进步中才能永恒地生存下去。因为它既坚强又软弱，它有生长期，须要不断强化和优化，形象地说，好比就是铜铁。金属在空气中容易氧化生锈，甚至腐蚀，于是纯铜与铅、锡合金，生成高强的黄铜、青铜；钢铁与铬和其他复合材料合金，生成不锈钢和高强度的合金，铜还是铜，钢还是钢，传统的种或称“物类”依然，但素质提高了，这便是传统道理。所以百家巷的建设也是这个意思。

向传统文化的回归和对自然景观的向往是今日居住环境的理想期待，中国和苏州传统文化的精髓并不仅是物质形态的既定样式，而是在对空间的整体支配和驾驭中实现丰富的转换过渡和进化。对建筑内外空间的处理，能够优化人的生活质量，影响人们彼此的交往、情感的联络和行为方式的文明友善，从而建树家园的温馨祥和与社区进步的文化精神。环境能够塑造人的性格，保护区至少应体现对美好事物关怀备至的情调。这些可以从拙政园的细部中找到，从传统意匠中挖掘出来。

建设中的博物馆新馆也是与拙政园毗邻，根据我拙稚的感觉，除了文物仓库贮存条件的精良及展厅视效的讲究外，其内外体型与众不同的空间感与巧用传统立体图案所生成的架构光影就是与时俱进的丰富多彩。既不是秦汉唐宋，也不是东洋西洋，却焕发传统的格调和光辉。也许现在不该说，但无论如何，似乎也不是百家巷居住建筑需要效法的对象。因为那是功能不同的观览建筑。

三、具体的建议

1. 总体布局宜把握以少胜多，删繁就简，小中见大，以一当十的原则。其中的“一号大宅”部分宜布置在众居宅群的中央，而且不必过于封闭，因为景观与观景应相互因借，彼此共享，一举多得。这是现代手法，同时也是传统“借景”的精华，只要房间保持私密性，须要控制时以水分隔即可，谁也不影响谁。一景多用，也符合经济的原则，只要组织得法，从不同角度着眼，均可争取优美的构图。如果各单元之间相对封闭，那又是另一种静态的空间构图，别有情趣。

2. 将车库引入地下通道边侧的做法，工程量大，且排出废气污染的通风不像是简单的地下室，居宅下沉式天井排气防火等设备设施必须全跟上，从功能效率上分析，是否有必要投入如此交通面积，须要估量。

3. 基地北部边界沿北园路的红线内侧，应适当提高并布置较为浓密的绿化，沿街不宜开设商店，以减少噪声污染。

4. 宜将小区公共绿化与居宅内庭绿化相辅相成结合起来。居宅内庭适当“透”一些，简洁一些，以小空间为近景，再借景区内公共空间中的中、远景为背景，扩大环境层次，争取既丰富又概括明朗的深度效果，不必每个单体关起门来追求纷繁复杂而事倍功半，但这种相对“透明”的开合，宜置有安全调控的构造。

5. 苏州古城有水陆棋盘纵横交错布局的城市特色，但在如此小范围内则失之繁琐，因为要配以很多桥梁，将会挤去不少户外聚散交往的空间。空间构图要适可而止，不必星罗棋布，宜疏密相间，章法上轻重有致，无须平均配套。但作为商品房，档次的标准还得规范化。在具体设计中宜预留灵活机动的适应性措施和应变条件。

6. 居宅要有节能设计，减少对设备的依赖，以生态建筑取胜，打造全苏精华百家的品牌。每个庭宅要有井，这既是一种象征“饮水思源”的文化理念，也有利于家庭小气候的润化，以节约水资源。

7. 关于建筑风格的问题，这些年来规划部门提出“苏州传统风貌”，要实现这一目标，需要我们好好讨论一番。所谓“风格”，拿艺术大师吴冠中的话来说，就是“人的背影”，苏州话叫做“相道”。相道要潇洒自然得体，不是做出来的形式，苏州风格不是雄伟壮丽的那一种，应是亲切自然、优雅舒适的倾向。百家巷工程理想的效果是利用拙政园的自然基调及传统的街坊布置，组织色调沉着的建筑形体。空间构图均衡，型色概括精练。提炼并不是“取消”，而是明知其中有内容却浓缩隐伏在含蓄当中的艺术手法，不事张扬，内存丰富。所以，为装饰而装点的“风格”并不是风格。风格是内在功能和性状气质的自然流露，不是舞台布景。

8．下一步的做法是将6个方案总体和单体的特征认真地分析一下，将有用的部位拣出来，清理归类，不但筛选，还要“淘洗”，将其分解后择优而重新组合，比如，当6个方案是亲代，将其基因重组，生成第二轮的子孙，实现优化重组。这是一个很复杂仔细的工作。在这个基础上还要有一个反复研究的过程。

四、简单的结论

笔者阅读了两个半小时，尚不能达到“洞察秋毫”的地步，但基本认为A、C两个方案可以入围，其余四个仍舍不得放开，似乎其中尚有不少可以挖掘或获得启发的东西。入围方案也有取舍和清理的必要。对方案的斟酌需要充分。在总体确定之后，单体的设计同样重要，而且单体也会直接影响到总体，因为我们的评价原则是“美”，而不是“漂亮”，居宅的美是从功能到感觉的如意和舒适。我们的产品是住宅，不是一张画，因此，房地产的价值寓于居所而并不局限于视觉。仅供参考。

2005年11月15日于专家小组评审会

筚路蓝缕第一人

——纪念庞薰琹先生百年诞辰

锦绣江南琴川之水似万古流芳的虞山清泉，滋润着水乡沿岸四季常熟的田野。潺潺碧水深情地弹拨起发生在20世纪那些撼人心房的悲欢弦歌。如今，那委婉的余音依然缭绕在充满希望和稻香的大地、苍穹。

古往今来，人的价值无非体现在为世间或后代、国家或民族开辟多少发展的道路和空间，架设几许通往进步的阶梯或桥梁上。概而言之，即光前裕后的奉献，不管他自己在世活得轻松还是沉重。出生在这片文明沃土上的庞薰琹先生，以对事业与生活矢志不渝的忠诚，为后辈们建树起德高望重的楷模。

庞薰琹（1906—1985）

49年前一个春日的上午，笔者在南京博物院图书馆里阅读一本没有彩封的《工艺美术通讯》。此时，院长曾昭燏先生见了，顿时露出肃然起敬的神情跟笔者介绍说："主编这份刊物的，是个了不起的人，一个留法归来的艺术家。在抗战无比艰难的岁月里，他不辞劳苦，深入西南少数民族聚居的贵州民间采风，他就是在我院（当时称'中央博物院筹备处'）任研究员的庞薰琹先生。庞先生通览遍阅院藏文物，专心研究历代装饰艺术，终日废寝忘食，夙兴夜寐，认真到近乎痴迷的程度。"曾先生说，她从英国学成归来后，尚未见有哪个留洋学子回国后对祖国传统文化艺术如此执着地刻苦做学问的。在她看来，庞薰琹先生热衷于对中国古代艺术宝库的发掘，用西方科学的方法从事承前启后的探索，这正是中国新旧文化交替时代所迫切须要建设的艰巨工程。"为开拓发展东方中华新的实用艺术，庞薰琹堪称筚路蓝缕第一人。"

当时，南京博物院有几位熟知庞先生的前辈们经常跟笔者谈起，说是在那个时代赴欧留学的青年，凡是遇到有名望的导师，都是深谙中国文化的学者。他们对我国留学生的态度既是热情，又是非常严肃的，总是督促学生要依靠自己的智慧和潜能，努力发掘本土文化的宝藏。中外思想文明的共同理念都特别强调，要充分认识自己。中国有成语“人贵有自知之明”，外国人更讲究“To Know Oneself”！一个中国人如果连自己本身都不甚了解，连自己的事都做不好，那又凭什么去学人家？即使模仿地“学”到了人家的进步，这并非实属己有。况且，这种“二手”的“进步”其实仅仅是处在一种相对的进行状态。因此，缺失自我，一直跟着人家跑，则意味着永远的落后。庞先生正是深悟了这一层道理后回国创业的。

曾昭燏当年在伦敦大学研修的课题是“中国古代青铜器铭文与花纹”，在柏林博物馆的实习论文是《论周至汉之首饰制度》，回国后在四川考古的研究报告是《从彭山陶俑中所见汉代服饰》。她通过科学的考古发掘所获素材为复原历史提供令人信服的实物例证和依据。而庞薰琹的研究专题则更深入一步，即通过历代丰富的文物所传送的历史信息，搜索、提炼在装饰纹样、造型、色彩以及装饰绘画艺术发展进程的时空坐标上所闪耀的民族精神。庞在对浩瀚的艺术遗产发掘整理并研究的同时，更采取民俗学实地考察的科学方法，深入传世环境，在历史与现实之间寻觅时代轨迹的切合点，并在此基础上，探求继往开来的艺术创新之路。从历史的高度审视，两者对脱胎于旧时代，谋求民族文化艺术的新生与复兴，都是意义非凡的创举。遗憾的是曾昭燏先生在 1964 年过早地离开了人世，而庞薰琹先生以艺术家顽强的生命力，高举拓荒的神圣旗帜，披荆斩棘，历尽人间难以忍受的艰苦，满载着民族文化无限能量之“薪”，在“真理必将见到太阳”的黎明，将艺术生命的火种传递到接力后辈的手中。

受到前辈的启发，在南博时期笔者曾天真地效法庞老当年的努力，广泛采集传统的建筑艺术资料，以为借着“近水楼台”的工作环境条件，编出几套精品图录似乎不难。其实，真是大谬而不然。后来才明白，见而不知，就无所谓识。对艺术遗产若达不到见而知而识的程度，就够不着科学继承的条件和资格，即如那承受不了负载的车是寸距难移的，妄想“发展”，简直无缘！所谓创新就是破纪录，当然是包含并超过原纪录。也譬如对财富的积累，当你拥有，却没有能力有效发挥并享用那些高贵的资源时，那种缺乏基础的徒劳并没有价值。为了摆脱盲目的窘境，笔者选择了报考“中工”。

在校期间，我们未能聆听庞先生的课，只是在“文革”前有一回曾旁听一场批判会。会上,有同学指着就座前排穿着毛蓝布罩衫的白发老人那背影,说:"这就是大名鼎鼎的庞薰琹。"然而,他并没有讲一句话。看起来,那样坐着,似乎还属于一种陪批的安排。也只是在1979年回校观摩由庞先生带领的研究生赴敦煌考察归来举办的汇报展时,才感受一次与庞老直面接触的激动。当时,"我所见到的敦煌"这个响亮的展题曾令笔者心境豁然明朗,似有茅塞顿开之感:观察世界原来本应是如此尊重自己天赋的纯真!要的是触发心灵坦诚的感应。

人们有时对于心中仰慕已久的伟人所怀有的敬意往往不亚于他直接授业的学生,甚至对于前者还另有一层令人神往的魅力感。由于历史积淀的间接影响铭刻并积累于笔者的记忆,对于这种微妙的影响力和感验,笔者尚存有别样的深沉。

首先是做学问"咬定青山不放松"的敬业精神。不管处在什么条件下,甚至是在逆境中,坚持初衷的信心和希望,为既定的目标负责而不惜付出一切努力,是庞先生为人从教的原则。他关心青年学生,写书是为了对学生传道、授业、解惑,据说他曾为一本书反复修改甚至重写了许多遍。送去出版社后仍不放心,还要取回来再修正。所以,读庞先生的书,总是另有一番感触,这书不是越读越"薄",而是感觉越读越厚实了。因为,深邃含蓄的精华之作,原是作者厚积薄发,集点睛之大成。读起来节省时间和精力,不被枝节所累,你所需求的关键实在之处均已归纳提领,一目了然,只待把握认准,沿着这条捷径的道口切入,或者可以有感而发,进入思路,获得不同程度的启示而发现开窍之门。有一次,为设计中国银行大厦,需为建筑的功能、气度融入些许形体格调的文化附加值,宜适当点引些隐喻元素。为体现经济实力之雄厚,资金流通之畅达,原设计拟套用饕餮纹样,寓意有吞吐之海量,但又觉得有误会银行宗旨之嫌。后来,从庞先生的著述中获得启发,设计了一个从汉代"四出五铢"钱衍生出来的四方连续叠环图案,隐示财源无限,广通四海的意蕴,妥切地为建筑的综合形象效果获得性格气质的完美提升。

《中国历代装饰画研究》之所以堪称为经典论著,不仅在于简洁精练,更在于充实。我们不难发现,书中每一段实例均可索引出其深层次的丰富解读。这样,既不洋洋大观,增添阅读负担,又为读者引导诸多可供深入探究的窗口,展开发挥的余地。有一次,笔者从庞先生介绍的一幅装饰绘画的构图上感觉到有深入探究的兴趣,当笔者找出收藏的有关资料拓片,仔细琢磨后,才惊叹庞先生从对原始素材的研究和重组直到创意生成的凝炼过程这种教导和演示的方法是何等生动。形象地打一个比方，就像一个技艺卓绝的网师，勇敢地潜入传统的深水，机敏地抓住一条游鱼，又奋力跳出水面，经精细加工，然后按时新口味烹成美鲜。由此可知，对生活的体验、概括、提炼和重组是创作和设计的基本功。活到老，学到老，无非就是经营这个事情。庞先生以身作则，将自己朴实的行为和语言文字教示人们，著书立说，全是为了给青年学生提供卓有效益的服务，教书又育人。

其次，在我们的事业与学科的建设上，庞先生尽管受到严重的伤害，但最终还是得到国家和人民的保护。这不但无损于他在艺术教育事业上建树的功绩，而更是突出了他非凡的贡献。在校时，笔者曾收录不少当时师生间交流的心得笔记，收集过一些零星的装饰艺术史的资料片断，珍藏着留作纪念。及至20世纪80年代初，庞先生那本在30年代写成而后来流落海外的《工艺美术集》居然奇迹般地复归，又重新出版面世，笔者惊讶地发现其中某些内容似与所收集的散页相吻。这是否说明历年来活跃在校园空间的艺术道业之魂，兴许就在庞先生们在缔造"中工"之初始，在长期的教学实践深刻影响之下，通过各系老师们的传导而早已熔炼铸就的呢？母校不朽的精魂与校训感染着一届又一届莘莘学子，汇成事业生命的长河不息传承。如今，她已与清华融为一所更高层次上的多元一体化的高等学府。想当年，庞先生为了实现艺术与科学紧密结合四处奔走，如今，他的理想终于实现了。思想完美平衡的两翼从此展翅腾飞，学术框架坚实的构接得以有机互补。这历史性的成就完全可以告慰庞先生的在天之灵。

然而，正当我们纪念庞薰琹先生百年诞辰之际，须要明了的是，继承庞老的未竟事业依然是十分艰巨的任务。历史的教训源于缺乏对艺术教育方针与社会现实相应关系的科学认知。开放的社会如何实现传统文明正宗的进化与蜕变，如何把握对"美化生活"之真谛从物质形态到精神素质的整体领悟，该怎样持正对于"装饰"概念肤浅的误读，让世俗的虚伪偏见正本清源，是我们应该深入思考的问题。社会和谐的建设须从对环境的饬整理念开始，从艺术教育的第一线做起，装饰不仅是属于艺术的专业，而且属于广义的社会学，是生活与文明的人格体现，比之舍本逐末的打扮或包装要正经得多。要通过开展广泛深入持久的社会审美科学教育，提醒为金钱而盲目亢奋的人们，在形态到心态潜移默化的进化中，让道德与经济高速度的发展同步实现整体的提升。

我们曾经惋惜庞老的遭遇，但愿这种遗憾成为永远不再重复而须慎重记取的历史教训。

一个世纪过去了。今天，在庞薰琹先生的故乡，琴川之水依然在不息奔流。每一个艺术赤子都应踊跃接过前辈的接力棒，在通向艺术科学世纪进步的跑道上再接再厉，为着开始的目标再开始，争当现代艺术发展领域创举新高的第一人！

2006 年 4 月为清华美院纪念庞薰琹百年诞辰而作

为审图中心编写的建筑装饰工程施工图审图要点解读

《苏州勘察设计》2006 年第 5 期发表该文时所加按语：苏州市建设局根据建设部《房屋建筑和市政基础设施工程施工图设计文件审查管理办法》(第 134 号令)和《关于房屋建筑审查管理办法有关问题的通知》【建质(2004)203 号】以及省建设厅关于《江苏省房屋建筑和市政基础设施施工图设计文件审查管理办法实施意见》【苏建科(2005)226 号】文的精神，于今年六月下发了《关于开展建筑装饰装修、建筑智能化、建筑幕墙、轻型钢结构等专项工程施工图设计文件审查的通知》【苏建规(2006)17 号】文。为配合我市建筑装饰、建筑幕墙施工图设计文件审查工作的开展，市勘协秘书处特邀审图专家陆觉撰写苏州市建筑装饰工程施工图设计文件审查要点解读，仅供大家工作时参考。

作者按：根据出版要求，作者对原文体例进行了调整。现文中以标题形式分节排列的内容，原为苏州市建设局审定的规范性条文。

一、总则

按照省市领导对建设工程施工图设计文件审查管理实施意见，将建立我市装饰装修工程设计质量的审查制度，加强装饰设计单位本身对设计文件的自查及审图中心对装饰工程设计质量及其与相关工种设计文件相应的全面检查。由于装饰工程处在工程建设的终端环节，其综合质量系统的达标与否，关系到整个项目建设能否如期合格通过验收交付使用，一旦因最终的疏漏或失误“功亏一篑”，会影响工程建设的圆满竣工，甚至留下安全隐患，一些灾难性事故的发生也往往与装饰工程有关。因此，对装饰工程设计审查的重要性不言而喻。

（一）为指导我市装饰工程施工图设计文件（以下简称装饰施工图）审查工作，根据《建设工程质量管理条例》《建设工程勘察设计管理条例》和《江苏省房屋建筑和市政基础设施工程施工图设计文件审查管理实施意见》，特制定本审查要点

国务院发布的《建设工程质量管理条例》和《建设工程勘察设计管理条例》有关设计事务的内容规定：设计单位应依法取得相应等级的资质证书，并在等级许可的范围内承揽工程；设计单位必须按照工程建设强制性标准进行设计，并对设计质量负责，注册执业人员应在设计文件上签字，对设计文件负责；设计文件应符合国家规定的设计深度要求，并保证工程的合理使用年限；设计所选用的材料、构件和设备等应注明各项规格与性能，其质量要求须符合国家规定的标准，除特殊要求外，设计单位不得指定生产厂商；应对施工图设计文件中涉及公共利益、公众安全、工程建设强制性标准的内容进行审查，并按规定程序报审批准，然后投入施工，设计有责任就审查合格的施工图设计文件向施工单位作出详细说明；设计单位应参与工程质量事故分析，并对由于设计造成的质量事故提出相应的技术处理方案。

上述条例中规定的设计单位资质问题属于行政性审查，但技术性审查中对于设计文本所显示的图签与出图章中仍有关于设计责任承诺的有关签认。设计人员的执业资质应与担纲的职责相称，其中，设计、校对和审核三者的签名不可兼代。主设计应盖有注册执业资质章。

（二）本要点供我市施工图审查机构进行装饰施工图技术性审查时参考使用

建筑装饰装修工程属于建筑工程，装饰工程设计是建筑设计的延续与深化，对建筑装饰工程施工图设计文件的审查，实际上是对建筑设计质量最终成效的切实保证。在审图中可能会遇到较为复杂的专业交叉细节，需要各有关专业设计审图人根据对案例审查实务中的共同分析，协调配合。这里所述要点仅供基本参考，具体问题还须综合运筹工程中不同性质的矛盾关系，妥善解决。

（三）建设单位报送装饰施工图技术性审查的资料应包括以下主要内容

1. 全套装饰施工图（含计算书）

装饰工程施工图设计文件的编制可以建筑设计的施工图为底稿，在保留其

不可改变的基本布置，如平面轴网、剖面层高及消防设计等既定范围的划分外，继作进一步实现各项规范和方案要求的设计完善。对设计文本规范化的编制可参考《民用建筑工程建筑施工图设计深度图样》04J801 进行增删改编，将其中归建筑设计而已经完成的部分略去，由建筑设计提示留下来的部分就是装修工程须要继续精细操作的深化内容。设计文件通常包括图、文、表、据等。完整的装饰工程施工图设计文件一般有标准封面、图纸目录、本期装饰工程区位平面、施工图设计说明、装饰工程分项做法表、装饰材料分部位和分间室做法一览表、装饰门窗表、各层平面布置图（包括家具陈设等）、各层铺地平面图、各层天花平面图、各厅室室内墙体立面多视向详图（包括弧形墙体展开立面图）、典型位置剖面及剖面详图、复杂形体构造放样图、节点大样图、固定家具和陈设部件分解组合图、室内外小品和设施图，有必要时须绘制轴测透视造型及构造示意图。这些图纸所采用的制图标准基本上可与建筑设计相同，即 GB/T50104 - 2001。此外，装饰设计制图应另有适合本专业表达功能的专用图例、代号和标识。装饰设计文件中还包括各类为设计选择所提供的数据资料，如计算书、工程预概算书、材料性能指标与质量保证书等。

2. 审查须要提供的相关资料

装饰工程设计是在建筑设计既成的条件下，在业主具体使用要求下进行的再创造，既要适应技术上的可行性，又要满足使用功能上尽善尽美的发挥，有时须要改变土建及设备专业原已获得审图部门认准的设计成果，这就须要将原设计及施工的有关技术资料一并送审，以从技术层面证明装饰设计在改变原状的设计举措上是否提供了安全可靠的根据和条件。

（四）装饰施工图技术性审查应包括以下主要内容

1. 是否符合《工程建设标准强制性条文》和其他有关工程建设强制性标准

从工程程序来说，装饰工程属于建筑产品的最后组装，或称为总体落成阶段。广东人把土建结顶称为“出水”，即“水到渠成”之意。实际上，装饰工程的完工才是真正的“出水”。因为在这一阶段，由于种种原因滞后、堆积、待议、须要协调或悬而未决的难题和障碍至此不能再搁置了，没有办法拖下尾巴了，必须面面俱到地顺理定当，收拾干净，然后“开闸放水”。这条成功渠道中的生命之泉是怎样形成的呢？这正是人们有目的地通过设计策划，强行制导各路泉源汇集成川，靠的是强制性约束。跟装饰设计直接有关的条文本来不是很多，但是，当工程施工进入后期，要落实建筑设计规范成果的时候，依靠的却都是装饰装修工艺，特别是当装饰工程设计触及对建筑设计的重大改变时，那就要担当起本属建筑设计领域很多强制性规范的责任，并受到同样的设计制约。这一点，我们在后面章节中说明。

2. 是否符合公共利益

公益，是社会人的最高准则；私利，是自然人的存活条件。审查突出了对直接关系到人民生命财产安全、人身健康、环境保护和其他公众利益的关键性技术控制要点的实施，设计应处理好对业主、合作方和服务对象的种种关系，而所有各方利益中公共利益是包罗各方的共同利益。

3. 装饰施工图是否达到规定的设计深度要求

所谓"设计深度"，是指能满足施工依据以实现建设目的（即使用需求）的设计层次到位的程度。没有基本的深度就等于没有实际上的设计，犹如说话时词不达意，不能让听者或看图的人明了是非究竟。深度不到位的"设计"，由于浅薄甚至空虚，常常叫施工和审图人员为难，因为含糊不清比明白的错误更危险。

如果说工程的方案设计是设计意图原真的策划，扩初设计是在方案基础上谋求营建的安排，那么，施工图设计则应是落实具体构筑方法的举措了。设计深度关系到工程建设现实的质量、进度和效益，设计的价值都包含在深度中。具体的深度指标在第三部分第4条中说明。

（五）建筑装饰工程对建筑物的原设计用途、使用环境和工程结构是否改变，建设单位装饰设计单位应作出说明，并出具承诺书

如果对通过审查批准后的原设计，无论建筑空间分隔、结构主体与设备设施等均保持原状，不作丝毫改变而仅作装饰装修设计，应作说明并出具书面承诺。但装饰装修设计仍应对原设计中有关装修要求部分作进一步完善，并在装饰材料与构件的选择和构造细部的深化设计中，按防火与防污染的有关规范严格执行。

此外，针对旧建筑装修，还应注意对陈旧房屋现状的鉴定，在确定其不属于危险房屋后，才可以承揽该建筑的装修工程，进行装饰装修设计。

（六）建筑装饰工程对建筑物的原设计用途、使用环境和工程结构有改变的，应由建筑物原设计单位及设计人员签字盖章确认，或由业主委托有资质的设计单位重新设计，并将重新设计的建筑工程（或改建工程）施工图设计文件报审查机构审查

这是对原建筑设计及原建筑物结构构件即将会“伤筋动骨”所提出的要求。还有一种情况是不直接影响结构的稳定和安全，但对原建筑空间分隔因使用性质与用途改变而进行大幅度变动，这类装饰工程的设计，由于对建筑空间分隔的变异影响到建筑设计及设备设计业已完成且通过审查的成果，打乱了原有建筑设计对于消防设计的既成安排与设备设计对水、电、暖通系统关于接口、回路、能量、负荷及用量分配的计算和布置，因此须要重新在装饰工程支配下，对建筑及设备设计进行符合规范要求的设计和报审程序，这是工作量很大的且关系到基建运行规程的大事。从这一点出发，装饰设计全面熟悉一下建筑和相关专业的强制性条文、标准与技术规定，是具有效率和价值意义的业务。

（七）本要点所涉及标准内容以现行规范规程内容为准

由于当代社会的发展日新月异，技术、材料和工艺与时俱新，各类规范、规程的内容和版本不断完善更新，仅《建筑内部装修设计防火规范》（GB50222－95），包括1999年及2001年的两次修订补充，至今已经20次印刷，防火“建规”及“高规”的内容及规范版本也不断出新，设计应经常关注规范内容的增删。本审图要点以现行的规范内容为准。

二、结构专业

（一）建筑装饰工程改变原结构的用途及使用环境有改变的，按总则第六条办理，审查部门依据建设部《施工图设计文件审查要点（试行）》有关结构专业部分内容进行审查

（二）建筑装饰工程自身的结构安全参照建设部《施工图设计文件审查要点（试行）》有关结构专业部分内容进行审查

涉及结构安全的装饰工程，凡须改变原结构用途及使用环境的，应按总则

第6条执行并报经审图部门进行结构安全的审查;凡属于非房屋结构性的装饰工程自身形体构架、室内外小品构件等,当其存在构造安全要求时,必须报经审查部门通过结构专业的安全审查。

三、建筑装饰专业审查要点

(一) 设计依据

"设计依据"是施工图设计文件的来由,主要包括三个方面:一是业主方面提供的设计委托书或任务书(协议或合同)、业主书面确认的设计方案文件和效果图、业主提供的经审查合格的土建与设备等相关专业设计图纸;二是装饰设计人员赴工程现场的踏勘记录(若是旧建筑,则尚需有排除属于危房的鉴定书);三是与本设计有关的国家和地方各级主管部门发布的现行设计标准规范有效版本。

对上述文件资料的行政和技术审查应检阅其是否正确并符合工程实际。

(二) 强制性条文

1.《工程建设标准强制性条文》(房屋建筑部分)2002版中有关建筑设计、建筑防火、无障碍、节能等建筑专业强制性条文

强制性条文在2002年以后至今又有些规范版本修订,条文有所增删,对于通行中的有关建筑设计、建筑防火、无障碍和节能设计以及各类建筑设计等强制性条文的具体条款,凡装饰工程设计中所涉及的都应按建筑专业审查要点中所规定的要求满足审查。因为在建筑设计深度尚未涉及的那细化部分,现由装修设计继续,在建筑设计施工图审查时还查不到设计细化中所能显示与哪条规范的相符与否。以建筑防火为例,建筑设计平面中,在一个符合防火规范要求的大空间位置中写上"内部分隔另详二次装修",装修设计后来在该平面中按使用要求作了复杂的分隔,七转八弯的走道让消防疏散距离大大超过了建筑设计图中符合防火规范要求的直线距离。此类情况太多太多。装饰装修工程本属建筑工程产品的精加工阶段,建筑设计的目的要求正是建筑装饰装修设计的实现标准,因此,装饰装修工程设计与审图可按建筑专业审查要点,据实对照执行。

2.《民用建筑工程室内环境污染控制规范》(GB50325－2001):3.1.1、3.1.2、3.2.1、4.1.2、4.3.1、4.3.3、4.3.10

这是一本严控使用有毒污染材料的强制性规范,材料污染的源头和渠道虽然是在生产和销售环节,但使用环节具有强大的吸引和扩散力,消除污染和扩散是全社会的责任,装饰装修设计必须把好使用关,堵住了出处就切断了污染产品在市场的流通,保障了公共利益。该规范中属于强制性条文的共有24条,关于装饰装修设计的有8条。其中,1.0.5条统一规定:“民用建筑工程所选用的建材和装修材料必须符合本规范规定。”附带说明,工业建筑中的民用部分也须按民用考虑,车间部分按劳保规定。第3.1.1条规定了无机非金属建筑材料的放射性指标的限量。第3.1.2条规定了无机非金属建筑装修材料的放射性指标的限量。第3.2.1条规定了室内用人造木板及饰面人造木板必须测定游离甲醛含量及释放量。第4.1.2条规定必须按建筑物的类型和用途选择符合本规范规定的建材和装修材料。第4.3.1条具体规定了Ⅰ类民用建筑(如住宅、医院、老年建筑、幼儿园、学校教室等),必须采用A类无机非金属建材及装修材料。第4.3.3条规定Ⅰ类民用建筑室内装修用的人造木板及饰面人造木板须达到E1类限量指标。4.3.10条规定装修木地板及其他木质材料严禁用沥青类防腐、防潮处理剂。

上列条文中有关控制放射性指标限量及游离甲醛含量或释放量的指标虽然主要由生产及检测部门控制,但在选材及验收环节则须由设计和施工把关。设计应把握好两点:一是在施工图设计说明中必须明确严格的要求,并关照施工切实执行;二是在图纸的标注文字及材料表中应特别注明材料的环保性能。考虑到装饰材料市场的现状,要严防污染产品鱼目混珠,也避免涉嫌卷入品牌伪冒是非,维护设计声誉,设计只应对材料性能、规格和质量的检测指标负责。

3.《建筑内部装修设计防火规范》(GB50222－95),2001年修订本:3.1.15A、3.1.18、3.2.3、3.3.2

本规范在1999年及2001年分别作了局部修订,其中的第3.1.15A条是对1995年初版中3.1.15的增补条文,并明确为强制性条文。“建筑内部装修不应减少安全出口、疏散出口和疏散走道的设计所需的净宽度和数量”,这是专门针对装饰设计随意改变建筑已完成的消防设计所作的特别提示。

该规范第三章增加3.1.18条,对娱乐场所(包括桑拿浴室)设置在一、二级耐火建筑四层及四层以上时,装修吊顶应采用A级,其他部分应不低于B1级;

当设置在地下一层时，顶、墙均应为 A 级，其他部分应不低于 B1 级。规范的3.2.3和3.3.2 条均明确，除了第3.1.18 条娱乐场所的使用性质外，当多层及高层具备或同时具备自动灭火系统及自动报警装置的条件时，才可以允许放宽对装修材料燃烧性能等级的要求。

（三）强制性标准

装饰装修专业的强制性标准条款除了上述《建筑内部装修设计防火规范》中的4 条强制性条文外，其余各条都属强制标准。在《民用建筑工程室内环境污染控制规范》中，除了 8 条强制性条文外，跟装饰装修设计直接有关的强制标准有该规范中的4.3.2 条，即“Ⅱ类民用建筑工程宜采用 A 类无机金属建材和装饰材料；第4.3.4 条，Ⅱ类民用建筑的装修宜采用 E1 类人造木板及饰面人造木板，当采用 E2 类人造木板时，直接暴露于空气的部位应进行表面涂覆密封处理”；4.3.5 条规定装修涂料、胶黏剂、水性处理剂等材料污染物的含量应符合验收规定；第4.3.6 条是对涂料、溶剂等有毒品种的限制；第 4.3.7 条规定不应采用聚乙烯醇缩甲醛胶黏剂；4.3.12 条规定Ⅰ类民用建筑工程室内装修粘贴塑料地板时，不应采用溶剂型胶黏剂；4.3.13 条规定在Ⅱ类民用建筑工程中地下室及不与室外直接自然通风的房间贴塑料地板时，不宜采用溶剂型胶黏剂；4.3.14条规定不应在室内采用脲醛树脂泡塑作为保温、隔热和吸声材料；4.3.15条规定室内装修中的地毯及衬垫、壁纸、聚氯乙烯卷材地板，其挥发性有机化合物及甲醛释放量均应符合相应材料有害物质限量的国家标准规定（GB18580－2001—GB18588－2001，GB6566－2001）。

同样，除了上述两个规范的强制性国家标准外，还包括建设部《施工图设计文件审查要点（试行）》中有关建筑设计、建筑防火、无障碍及节能等建筑专业强制性标准。这些强制性标准凡是建筑设计的深度未及而装饰工程设计的深度涉及的条款，都应该在装饰工程设计对建筑设计进行继续的细化设计中执行。

（四）施工图的设计深度

关于设计深度问题，在总则第 4 条第 3 项中已提到，既然装饰工程的设计是建筑设计的延续与深化，那么理应在《建筑工程设计文件编制深度规定》的基础上进一步精深细化，完美实现工程建设方案的初衷目标。设计深度反映在形式上是文本资料的齐全，而落实到功能内涵上则是设计所表述的工程语言，包括图像显示、文字标注、代号图例等书面信息的形象综合确切达意，构成技术科学完善，无顾此失彼的欠缺或疏漏。凡是优秀设计，无不卓具深度。

1. 装饰设计说明书中是否包括设计依据、工程概况、材料选用、施工工艺做法、所用材料的防火等级和环保质量等要求

在设计深度中很重要的一个文件是《装饰工程施工图设计说明》，因为在工程设计中，文字说明与图形显示是相辅相成的工程语言，两者在设计文件中具有同等效力，且不可相互矛盾。图形中难以表明的概念由文字阐明；文字难以言表的状态可通过图解来表示，以图文相辅、互为对照来证实构造关系确切相吻的来龙去脉，达到设计意图切实可行的表现目的。

设计说明一开始就提到的设计依据，见本解读第三部分第1条，其中关于选用规范部分应大致包括6个方面。

①基本规范，如《民用建筑设计通则》(GB50352－2005)，《民用建筑工程设计技术措施》(2003)等；②构造技术规范，如《建筑地面设计规范》(GB50037－96)等；③防火规范，如《建筑设计防火规范》(GBJ16－87－2001年版)；《建筑内部装修设计防火规范》(GB50222－95，2001年增订版)；④环保规范，如《民用建筑工程室内环境污染控制规范》(GB50325－2001)；⑤施工验收规范，如《建筑装饰装修工程质量验收规范》(GB50210－2001)，《建筑内部装修防火施工及验收规范》(GB50354－2005)；⑥与本工程相关的工程设计规范，如《图书馆建筑设计规范》(JGJ38－99)；等等。

此外，根据工程实际，列出设计中据以为准的有关规范规则与规程。

设计说明的第二个部分是对工程概况的说明，要如实写明工程性质、所属级别、类别和规模，因为这些基本情况是提供审图部门检查的前提，缺少这些一目了然的具体属性，审图难以如实检验。比如本设计是工业还是民用？高层还是多层？是高层中的哪一类？若是多层，又属于哪一防火等级？是工业厂房，属于哪个生产类别？还有规模大小，面积及如何分区的，等等。

再就是对本工程合理使用年限的说明。结构耐用年限原则上是土建的设计年限，装饰工程往往随着使用性质的改变而更新，当使用功能改变时，装饰装修设计的合理使用年限也随即终止。在不改变使用功能的前提下，装饰装修工程的合理使用年限可与土建设计等同，但因经营管理、维修与翻新之需，其合理使用年限不受装饰材料与设备时效的约束。

2. 是否有平、立、剖面、大样图，材料标注是否正确，所提供的设计文件能否

满足施工要求

3. 是否编制装饰设计材料表

4. 是否提出对装修有害物质检测的要求

常规的施工图设计说明通用条款一般应有设计标高的注法、平面轴线的定位、尺寸的标准单位、装饰设计对土建深化的原则、装饰与设备设计的关系、对装饰材料的要求(应特别强调材料表所列的防火性能和对防污染有害物质的检测要求)、室内空间设施的统筹布置、装饰工程与装修产品设计的整体配合、与业主经营功能部件的有序组织、与当地有关管理规定的协调、设计知识产权的声明及对施工质量保证的关照等。

根据工程情况,对各工种施工工艺的特殊要求也应尽可能有不同程度的说明。

对设备设计图纸应按装饰要求,作符合该设计专业审图要点的检查。

最后,无论是设计方面的自查,还是审图方面的检查,宜将本设计文件设计依据中的规范要求跟设计文件所表示的深度点位对照,综合评价设计质量。若发现存在问题,应指出有悖于规范的违情和条目,作出审查结论。

装饰工程设计的审图业务不能说是如何艰巨,但毕竟比较繁杂,对强制性条文和标准的理解及对设计质量的评判原则是安全、责任和公共利益。具体的疑难问题,须在实践中通过设计与审查双向交流解决。

2006 年 6 月 24 日于东吴饭店

原载《苏州勘察设计》2006 年第 5 期

“博世”工业环境系列设计

伟大的艺术就是处理环境

——A. N. 怀特海

全球化进程中的当代世界让物质生产方式摆脱了前工业时代的资源开发与加工环节的地域性限制，更多的生产场所就近遍布于劳动力相对集中的地区，从而大幅度地节约了生产成本，降低了对环境资源的消耗，以获得产值的稳定增长。如今，包括我国在内的发展中国家成了世界制作业的庞大基地，众多新兴工业园区似雨后春笋般拔地而起，从五湖四海云集而至的各路人才会合成空前浩荡的生力军，而活跃在工业领域的便是其中举足轻重的一支。

随着科技水平的日新月异及人的价值观念和觉悟的日益提升，这支夜以继日拼搏在线的产业大军已不再是过去时代受制于机器设备的“机械人”。从时代进步的理念出发，实现全面发展的人才价值才是企业发展的经营之本。生产的本质是造物，然而，造物者必先考虑创造行为的支配因素，发展其既有的潜在本能。人们在不断接受经过艺术设计而优化了的环境文明之引导、感化中激扬起关爱和希望，继而萌生增益生产的热情和能动性。对生产环境的亲切感、安全感和归属感铸就团队集体持续进取的积极素质，此乃企业发展前途的基础保证，也必然是对工业建筑进行环境艺术设计所应首先认知的深层次目的和价值所在。

工业企业对环境质量的要求处理除须满足与民用建筑空间同样的基本需求之外，尚需高度集中地对人的健康、安全与劳动力予以更多人性化的关怀和保护。人们终日奔忙的生产活动占据着社会生活基本实践的绝大部分，为追求产品的高质量，就不能不关注生产过程，包括环境条件本身的改善和优化。因此，对促进生产环境质量功能的艺术设计与研究，关系到今日中国新型工业化策略的进步与文明社会的全面和谐及其可持续发展的深远未来。

在对德资博世(BOSCH)公司在华企业设在苏州的中国技术中心及汽车配件系统,无锡柴油系统,杭州电动工具和包装技术系统,珠海的安保系统与长沙、常州等专业公司新建厂区的工业环境系列设计中,我们谨就环境艺术为生产服务的专题实践提供设计的典型信息。

厂区总体环境体现着企业性格、气质及其产品的质量信誉所显示的社会形象。这里不需要广告和任何形式的渲染,一个深受全球信赖的品牌标记简洁、明朗已足,让概括、凝练到极致的室外小品衬托着主体厂房挺秀的形体和线脚定格在客户难以忘怀的记忆屏上。

整体环境中排除了一切不必要的堆砌,为室外环境争取充分有余的空间层次与维度,将建筑内部容量把握在精密紧凑的合理模数,追求的是功能效率,让生产工艺流程及场地回旋运行和畅通,既呈现井然有序,也有效地节约土地和空间资源。

室外场地绿化在完整的常绿树基调丛中,除了季相花卉的点缀外,有针对性地布置女贞、朴树和夹竹桃等抗污染的树种,不为华丽而集锦造势,但求净化本真任天趣生成。深信不久以后,在环境生态意识深远的外方经营之下,会有像如今博世德国总部那样茂密的林中幽雅。

为满足功能需求,主体作业环境,生产车间的环境设计着意于纯化周边与背景层次的概括与提炼,撇清影响注意力的任何干扰,让设计的装饰元素退让到设备运作空间中的技术美学与人体工程学的处理层面之后,以隐性构成的手法,在不招摇的陪衬中体现环境艺术设计的深层内涵。因涉及工艺技术的专利性保护,车间场景恕作规避。对此无奈纵感遗憾,但积极的警示是:环境对空间主体的陪衬与笼罩性氛围应是既丰富又含蓄的,那种类似无中可以生有的处理方法借取自文学中的直叙和隐喻,各有必要。环境艺术的有机整体恰如宇宙空间内浩瀚星空对明月的烘托而呈其美的伟大。

在这个有机整体中,厂房的公共和辅助空间才是值得关注的设计对象,那是一些能有效地使工人在车间长时间处于高度集中而紧张疲劳的情绪之后获得精神缓解的场所。因此,营构高质量、深关怀的餐饮、卫浴、保健、休息和活动等休整空间,令人在劳累之余或间隙小憩,享受喘息的轻松,在"开心一刻"的悦目赏心中感悟生活的全面价值,借以重新恢复自由灵敏的精神和体能状态,或者转换一个生活项目,实现环境应对的过渡。寓关爱于场景中,本设计在上述各厅室的光、色、形、质及构造、组成等细部的装修处理上,作了尽善尽美且安然舒适的推敲。

节约是历史认定的人性美德，现代社会高深度、高速度的发展与进步，是历经千百年来传统文化之精髓在新技术革命浪潮推动下生成的飞跃，实属来之不易。但是进步与衰退的可能性是并存甚至互动的，物质与能量的浪费已是社会公害，必定会带来不可忽视的后果。环境艺术创造的出发点是促进人类的福祉，而不是炫耀富有，暴殄天物，挥霍经历代长期辛勤创造的成果积累，也不是加速制造垃圾。当前，用于环境建设的装饰材料，其应用周期越来越短，消耗惊人。因此，本设计秉持物尽其用的原则，力图将装修材料设计构件化，继承传统做法中“以此迁彼”的可移换易位手法，如古典园林中的“支摘窗”或灵活隔断，将饰面板材加工成标准构件，现场支卡组装并交替使用，追求变位之后的“耳目一新”、“多番境界”等丰富效果。也借鉴现代车船机的舱内装修中扣压式壁面安装、不暴露施工痕迹的饰面技术，效果及效益显然。

建筑节能是可持续发展的战略选择，墙体的保温隔热性能与外墙室内一侧的装饰构造不无关系。很多玻璃幕墙非采光部分玻璃壁面的内部基层，实际上就是内装的壁面，室内环境设计的壁面和楼地顶面装修同样兼具科技含量。采用双层 SB 砖填注泡塑材料的复合墙体等构造层次既有利于对节能指标的满足，又丰富了室内空间的艺术效果。

环境建设中的艺术处理在潜移默化中深刻影响到社会生活促进科技进步的广泛领域。科技成就生活之美，艺术创造美感之真。归根结底，环境技术的设计创作证实了后现代思想的先贤、哲人怀特海的那句至理名言：“伟大的艺术就是处理环境。”而处理环境的意识事业总是平凡而艰巨的。

2007 年 4 月 3 日写于中国—新加坡苏州工业园区设计研究院装饰公司

设计创作一席谈

——在江苏省建筑设计院苏州分院建筑师座谈会上的讲话

满足人类生活需求的任何工程，其第一道工序必然是设计。所谓“设计是龙头”即这一层意思。“科技是社会第一生产力”，在精神与物质资源得到开发的动力推进下，机器的加速运转或设备的优化才得以实现，从而获得产值的增长。设计正是科技成果产业化的第一步，因此，设计的首要地位显而易见。

1994年8月，新修订的国家标准《国民经济行业分类与代码》（GB/T4754－94）颁布，将新中国成立后原定的建筑业三大支柱产业“土木工程建筑业”、“线路、管道和设备安装业”、“勘察设计业”修改成为“土木工程建筑业”、“线路、管道和设备安装业”、“装饰装修业”。人们误以为是将称为“龙头”的“勘察设计业”取消了。其实不然，设计行业在世界范围内都是关系到国民经济发展的举足轻重的行业，这一调整，只是将部分设计归入部门系统的施工产业中，只是“适应”了我们特殊的国情，其直接后果就是现在的状况。这状况不同程度地影响到有关行业，特别是设计行业的自主创新和生产建设环节隐含成本的膨胀，但是并不影响模仿和制造业的繁荣。

设计是心路的历程，要用心去发现世界，透视生活的本来面目，从中清理出可以利用的条件和资源，架构新生活。建筑师需要有思想的信念，但并非必定要信奉哪门宗教、主义或者流派，崇拜什么明星或偶像。凡是自认为有益于生活和美的发展理想，都可以自主选择为心目中崇尚的楷模或行为准则。即使什么都不信，也得相信自己，笃信一套自主的设计哲学，用以启示并规范生活的实践。要不然，什么叫做“匠心独运”呢？

日本建筑师白井晟一说过：“技术这个玩意儿是很容易学会的，问题是要弄懂支撑它的哲学。”人类的思想史丰富多彩。我们了解过中国古代的儒道文化、老庄哲学，学过包括马克思主义在内的西方哲学，而在近代西方哲学中，还有罗素的老师 A. N. 怀特海创立的“过程哲学”，也称为“机体哲学”，讲的是过程与实在的观念。联系到我们的设计，实际上，设计的主体是我们整个经历着的设计过程，经设计而建成的某些实在物只是设计的客体而已。过程就是实在，实在也就是过程。从设计思维到实在的构成物乃至整个社会，都是活生生的有生命的机体，处于永恒的创造进化过程之中。构成世界的并不是所谓“原初的物质实体”，而是由性质和关系所构成的“有机体”。有机体的根本特征是活动，活动表现为过程。过程则是构成有机体的各元素之间具有内在联系的、持续的创造。因而，整个宇宙表现为一个生生不息的活动过程。我们的设计活动实际就是为生成建筑物而持续展开着的实践过程。联系到日常生活，生活的主体就是人们终日奔忙的过程，维持好这个环境际遇，让其正常实在地发展进步才是最重要的，如果一味追求由主体派生出来的客体，玩物丧志，追名逐利，或者不注意维护好生活过程中持续运行着的生态环境、和谐秩序等基本条件，那么，这个地区及民族文化都有可能转化成别的机体，以致衰亡。至于团体、家庭和个人的事业与前途，均是如此。

一般地说，凡是投资及各方面的管理恰当，则建筑物长远的综合效益取决于完善的设计。完善的设计是具有潜在价值能量和维生活力的设计。首先，在其每个局部的设计过程中，均随处充分顾及整体，也从进度上抓紧做到前期深度的慎密和厚实，宁靠前，勿滞后。全力排除矛盾的交叉和问题堆积，规避疏漏，杜绝后患，防止因失误返工而造成资源和资金的浪费及环境污染。其次，完善的设计从材料、构造与功能上充分留有应变、维修、置换、改造的条件和余地，预伏着建筑主体可持续的生态活力和升级更新的可能。让建筑具备自调节、自循环、自净化、可生长的“类生命体”特征。杨廷宝先生二十多年前曾说过：“一座建筑之所以能存在到今天，说明它具有生命力。”应刹住动不动就大拆大建的穷奢极侈、劳民伤财的愚风，毕竟建筑不是时装和包装物，可以一次性消费。再次，城市及区域建设的大型系统工程，从规划、总体、群体和单体建筑的方案到施工图，包括环境建设的室内与景观设计等，各个过程段彼此的衔接、交贯、叠合和穿插须要相互契合、闪让或过渡。所谓协调是随处随时地贯穿过程的和谐。因此，设计观念应秉持着对过程动态的适应，只有融合在整体贯通的过程流中，才能获得自体功能的实在空间，占有设计价值的一席之地。

当前，在市场经济环境的影响和冲击之下，建筑设计的常规业务和现状既要我们满足建筑法规和规范的通常要求，又要适合业主对设计周期、价值与指标等方面的苛求。在竞争激烈的设计市场角逐中,每个公司都在精心打造自己堪称为企业标准的经典之作。有的院所还编辑内部资料,交流创作经验,取长补短。在繁忙运作的项目事务中,我们亦须结合设计实例,集思广益,相互鉴照,共享进步。现概括提示如下几点。

一、设计的心态宜持正

透析当前设计市场中的过程状态,我们可以发现,并不是所有做精心设计的人都能如愿地获得发挥才能的机会。设计市场运作机制的不成熟,是发展的障碍。这里有根深蒂固的社会历史基因与惯性遗传的背景。

建筑设计的创作有开发性创意设计及适应性常规设计两个层次。有人说,画施工图不过是"来料加工",没有创造性。其实不对。常常有些方案设计人竟画不出自己方案的构造图。而既有创意又能构造的建筑师,却因为上述市场环境的原因,他们的创造性,他们的作品都十分遗憾地不能"入围"。然而,过程哲学的思想断定:设计市场迟早要规范化成熟起来,到时候全凭实力排座次,机会绝不会与有心人失之交臂,所以要耐得起寂寞,沉得住气,韬光养晦,以宁静的心态面对市场的燥热,毕竟未来属于忠诚敬业的建筑师。

二、建筑设计的本分

自从建筑从过去的"房屋建筑学"进化到后来的"环境建筑学"之后,建筑设计实现了与内外环境的空间交融,获得了自身方案意图预设的辉煌正果,环境设计为建筑设计创意效果的最后呈现完美增色。不管是"锦上添花",还是"画蛇添足",或者是因业主的干预而出现某种偏差,关注设计的全过程,毕竟是建筑设计的本分,凡是优秀的工程无不需要各工种协作互补。

由于专业分工,装修从建筑中分离出来,但有许多规范仍然是建筑设计规范中的终端规定。为了适应快速出图的市场需求而过分简化设计语言的表达,常常导致两头脱空的情况:建筑图注"另详装修",装修图注"按建筑设计"。由于装修设计没有关于建筑构件的安全规范,虽然可以套用建筑专业的规范然后深化,但毕竟建筑设计有责任在施工图中提示装修设计如何落实建筑规范的安全措施。

三、求解疑难的途径

第一，社会发展一日千里，形势变化日新月异。个人的水平十分有限，无法否定各自困难的存在。但众人遭遇的困难都是一样的。也许他聪明而先悟，或许我愚昧而后知，在共同的疑难面前，须要共谋解难的出路，找到出路就成为学问。学问就是大家来问，所以，相互的商量极为重要。第二，就是要重视校对。认真校阅别人的图纸，发现问题既为他人提醒，也借以鉴定自我，这是事半功倍的互利双赢。因为是相互校阅，并不存在你高我低的差别。第三，熟悉标准图，再由标准图转化成自己可重复使用的标准图块，贮存图库。这样可节省时间精力，压缩事务性操作的消耗，腾出时间来做创意设计或消化信息资料，让时间增值。第四，抓紧机会，带着自己的图纸去工地看看，走访施工师傅是如何帮助自己实现设计意图的，以便下次设计可以心中有数。最后一条是关于模仿。不是照抄别人，而是通过模仿，摸索出人家的路子，在仿中求法。

四、设计变更与修改

设计如同著作文章，在不断深入的修改中完善作品，修改本来是实事求是的负责任之举，须要留有升版记录。有的修改，不是因为有错误而改正，而是出于一种服务的认真态度，体现一种文明精神。

五、两条建议

1. 经验和教训都要积累和记取。设计既是从生活中提取素材的过程，又是按需求满足市场的创造性服务的过程，做每项工程设计不必写长篇总结论文，只要留一张关系图解便可。同时，要促成同行之间设计经验的“友情提供”和创作素材的资源共享，开辟学术交流的园地，相互勉进。在当今日新月异、瞬息万变的信息潮流中，条件拥有的过程状态是付出等于摄入。因为当代设计的艺术与科技行情跟文物古玩正相反：来不及收藏就要贬值。

2. 关心一切构造问题。建筑师比雕塑家高出一筹的功夫就是会解决如何建树成功的问题，即如法国的巴陶第为美国创作的自由女神像要依靠建筑师的构筑而实现其雄伟的艺术效果。建筑的创造活动是通过设计反复完善的过程。方案阶段的概念设计随着一系列环节的落实、检验逐步深入，一方面，构造所采用的结构体系、构成方式和材料组合受方案概念的支配；另一方面，方案的概念设计在具体构节的成型方式上也受到技术细节的可能性制约。因此，在局部和整体之间须有互相关照的构造配合。构造技术是成形的基础，功能的保证。这是建筑师的基本职能。在这方面有很多的课题须要研究。

建筑本是实用的空间艺术，建筑设计通过从创意到构思的策划过程，具体组织筹措一个个能符合理想环境及形体要求的工程预案，这些可供实施的预案须要以能保证建筑物使用安全的质量标准，即设计规范为可靠的依据。

由于建筑类型很多，虽然同一类型的功能基本上类同，同一类型的设计个案却是形式各异，没有一个是相同的。还有的情况是建筑使用性质的多元化，一座多功能建筑涉及不同规范的要求。更有一些设计创新的实例，在规范上还没有提到过，然而又不能回避规范的有关规定。因此，在具体处理上，不可能按高度概括的规范条文完全相符地直接套用。这就要求我们在实践中加深理解，透彻地分析判断，认定或排除规范语言的相对性，如实正确选择对规范确切意义的取舍。各类规范中有的属于设计基本要求的常识和数据，有的是关系到总图规划指标及环境质量的总体要求，还有各类单体建筑构件的设置以及度与量的规定，也有室内环境，包括墙体、楼板、屋面的保温隔热和隔声性能的限定值及其调节技术，更有关系到建筑及室内安全防火、防水、抗震等保护功能的举措。概而言之，都是对各类建筑的专门设计，包括公共、居住、无障碍、地下空间、工业厂房等，围绕着安全、健康、环保和公共利益的原则规定。设计时应联系实际，认真执行各类规范，特别是要严格遵守强制性条文和强制性标准的详细指定，不可违反或疏忽。总之，对具体问题要具体分析，不管是多么复杂的情况，要从设计性状的实质性原委出发，特别是对一些疑难情节，须深入研讨，推敲规范“条文说明”中的解释，正确理解所指前提的“题意”，不可曲解，防止误解，实现真正实事求是的理解。因为规范条文中常有似是而非的表述，有的在不同规范中还自相矛盾，要据实掌握，相互观照，及时沟通。有困难可通过省、市审图中心向专家们请教。事实上审图中心仅仅是提出问题，如何解决还是要靠我们自己。既要尊重审查，听从他们的提示，又要尊重主体设计地位的自我，在权衡是非、定夺确认的环节上深思熟虑，不要固执己见，也不要钻规范的牛角尖。功夫毕竟要花在设计上，既满足过程的正常进行，保护好自己的合法权益，又满足业主要求。同时,还应关注设计规范的升版信息,因为设计规范也一直在不断地更新,要适应发展着的科技形势,与时俱进。

为了提高设计质量,除了在设计出图的环节应严格按现有的标准深度及专业技术措施掌握执行之外,尚需不断结合个人的体验,在设计科研及经营管理、人才培养方面发挥省院的优势,打造精品,将设计做得好上加好。

2007 年 6 月 2 日

河道依然是城市的命脉

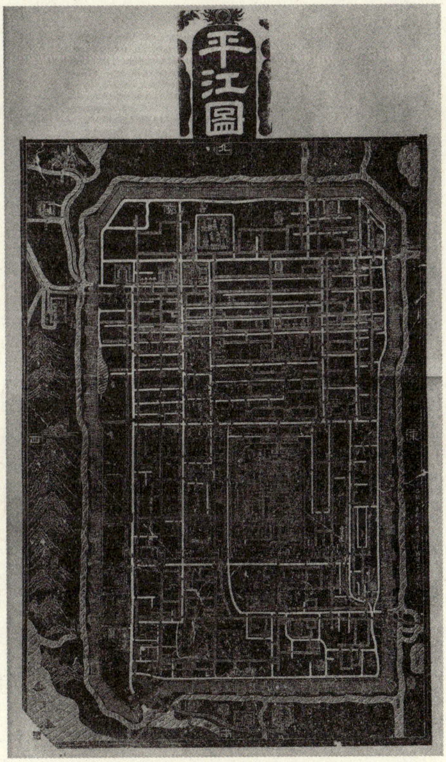

历史文化名城苏州，素以富有特色的城市规划著称于世。自从两千五百多年前伍子胥“相土尝水，象天法地”奠基建城开始，历经千余年的精心治理和完善经营，至经济繁荣的唐宋盛世，已卓具规模，井然有序的城市形态生动地定格在宋碑《平江图》上（见图）。“霞光曙后殷于火，水色清来嫩如烟。”当年白居易笔下的苏城之春，情景幽雅，诗意深浓。“春风不改旧时波”，又经历了千百年漫长的岁月，平江故城苏州的城市轮廓依然保持着完整的碑上图景。一个城市结构能够持续如此久远，充分说明其规划设计的优秀及城市建筑的长盛不衰的生命活力。前辈建筑大师杨廷宝先生在20世纪70年代曾经指出：“苏州的旧城区内应保持原样，对这样一座完好存在了两千多年的古城，不宜轻举妄动，必欲变动的话，须得经过科学的研究，不然，会有意想不到的后果。”①

古城苏州的城市空间构图独特，别具一格，可说是举世无双。同称为“水城”，跟意大利的威尼斯迥异；也属“龟城”，又与四川的成都有别。由环城河围

① 杨廷宝：《在苏州市城市规划讨论会上的讲话》，1979年11月20日。

合着的龟甲形城郭，通过水城门有节制地调控着出入城区的河川之水。城内，“三横四直”的市河干道及由其派生而成的六纵十四横支河水系，经纬如縠，均匀交织着漫布在建筑与坊里之间，纵横贯越于市桥津梁之下。河街相邻，水陆并行的“双棋盘”式立交网络，别致且又完整的构架组织维式，堪为城市规划史上既古老而又考究的传统杰作。古城规划及其构成图景的物化，即千百年来历代祖先和如今的我们眼前足下生长于斯的地方。

龟城多寿，网川泽福。水是“天堂”之源，有水，就会有生命、智慧、健康与幸福。透过荡漾在如镜河面天光中的舟影，穿越萦回于虹桥拱间悠然深沉的橹韵，年年月月，川流不息的沧浪之水从遥远的天边汩汩而来，满载着自然的生机、营养及与时俱增的知识和财富，流经这“人间天堂”的每一条水街。河水激起朵朵浪花，拍击着古朴的石驳岸壁那仿佛是岁月积淀成层的页页往事，荡涤着埠阶石上斑驳陆离的苔痕，将陈年污秽冲刷干净。搏动着的市河是市民的“母亲河”，她像是屹立在古代宫苑中顶举承露盘的神女，将天赐甘露化成乳汁，哺育着我们祖祖辈辈无数人杰精英的成长，从而造就出姑苏文明持续的辉煌。

历史总是曲折地前进着，将人类的发展轨迹汇合成一条起伏跌宕的传统长河。其间，有汹涌波涛，有急流险滩，但无论水利之益，抑或水患之害，古城苏州也毫不例外地经受各个时代浪潮的涌拍和冲击，直至今天。对历史记忆的消化有助于思想的发育与成长，也促使发展观念在意识层面的觉醒和成熟。包括河道在内的整个城市机体经久发达昌盛之势，体现着城市文化遗产难能可贵的传承，而这种传承的可贵之处，不仅在于流传至今的文物古迹之珍贵，更贵在历代祖先对传统文明的源与流秉行艰辛护持的精神，贵在柔韧不拔、持之以恒的过程与实在。

遥想当年伍子胥“象天法地”，创建吴都的大业，显然不只是一场拜天祭地的形式礼仪，或者仅为遵奉吴王之命，想当然地经营一项开发的生意，而真正是高瞻远瞩，造福国家与子孙后代的壮举。从研究如何充分利用天文气象和水土资源的自然条件，进行避害趋利的思考，到跋山涉水，辛勤考察环境的奔忙。又在城市定位之后，环河绕城，开设八门，引进水源，贯通全城。水城的设计创意是经过深谋远虑之后策划奠定的。值得一提的是对水城规划的科学决策还明确了功能调节的营建原则，即“既因其水利，又避其水害”的方针，将调节城市生命循环的命脉主动掌握在人的管理环节，而不是热衷于片面追求排场的“壮丽”，以显耀华而不实的虚荣。顺便提示一句：对于这两种倾向的取舍，一直延续至今。

随后的战国时代，楚相春申君黄歇更从水利科学的高度，测得太湖地势高于苏城的地域特征，为防备多雨季节上涨的水位奔涌而来，逼注苏城，着意创造免遭洪灾的条件，于是，增辟葑门的水陆城门，封闭胥门的水门，令胥江之水绕道入城，以分减水势；同时又在城内开凿可以分流的小河道，既便于泄洪排水，又利于水上交通。我们可以设想，如果黄歇当初只求片面排除水患，不采取疏导之计，则完全有可能简单化地将河道填堵了事。那么，历史就会应了杨廷宝先生的那句话，造成“意想不到的后果”，即失去了城市周边完备的水道功能，甚至影响农田灌溉之利，让促进经济繁荣的生命线受到阻碍。果真要是那样，能否会有后来两千多年发达的吴文化及今日苏州之繁荣，则不能断言。因此说，经营管理一个城市，须要有时代的连续性。历朝历代，苏州城区还经历过多次天灾人祸的侵袭，甚至是严重的破坏，但由于尊重传统的城市规章，很快就能恢复。直到二百多年前的清代，城内的市河还经过一次全面的疏浚。民国及抗战时期，多年失修，直到 20 世纪 70 年代之后，为保护古城风貌，又陆续进行了临顿河、桃花坞河、干将河、平江河及其支河道的疏浚与桥梁的修缮。同时，在治理过程中，为保持河道水体的洁净，先后在古城四周的河道进出口，建造换水泵房和节制闸；又将城市污水通过地下管网引向污水处理厂。进入 21 世纪后，苏州外环的护城河更是恢复到她天然素质的美丽。

对整个城市河道水系的全面综合治理，是关系到城市现代化建设规划科学的一个历史性的系统工程。世上一切人类文化遗产无不是在社会相对稳定的条件下，进行历史周期性的系统清理和饬整，才得以传存。发展中的当前，正处在跨越时代新高的起跳板上，如何承前启后，继往开来，乃是一系列须要认真处治的实务。围绕着对城市河道建设的种种策略思维，我们面临着若干无法回避的现实问题。

其一，对城市河道网络科学价值的认知。

我们祖先创建城市河道体制，绝非单纯地出于观瞻特色的考虑。河道建设的美学功能，已经有无数艺术理论的分析及文学作品的赞誉，还有诗词曲艺的歌颂，这些，无疑都是吴文化城市艺术的精华。但是，建设并且持续维护河道构筑，有着深刻的科学道理和实际的原因。

濒临太湖东滨的江南地域是一片地势平缓的“水乡泽国”，一旦成为可供居住生息的城市环境，苏州城就须要“高毋近旱，而水用足，下毋近水，而沟防省”①，即令常年的平均水位低于城市基地平面，而又保持在方便取用的尺度范围之内。并且，这个水岸高差的余量又须适应水位的自然涨落。当上游的水位高涨或降雨量剧增时，城内低平的地势虽有水城门关闸控制，但仍免不了一时或局部受淹，这时，河道就起着引水排涝的重要作用。所以，古城历年来由于具有这自调控的节制机能，免遭洪涝灾害重创。

市河还具有另一个抗灾防灾的功能，就是防火减灾。遍布全城的河道网是一张密集地保证消防安全的满堂贯通式的巨大水龙群，比单纯的街道消防管线供水灭火要有效许多倍，而且水量充足，取之不尽，供水及时。

市河历来与道路分担着人流物流经济又高效的运输功能，即使是在现代道路交通空前发达的条件下，也并不失其固有的利用价值。水运并有节能防污的优点，充分利用这一点，可减轻道路运输的负担和能源消耗，减少市内空气的污染。至于河道水体受到的污染，则是其他原因所造成，本应得到关注和有效治理，怎么可以因此而将其填堵了事呢？一条被害的，然而仍在顽强地挣扎着的臭水沟是完全有可能恢复成一道香水溪的，正如在新中国成立之初那些破落的园林，经过精心治理，能够恢复成如今珍贵的世界文化遗产一样。

此外，不容忽视的是，河道既改善又促进了城市“下垫面”②的气流、风向的正常循环，保持合理适度的热量交换和水分蒸发，让温度、湿度等环境指标取得稳定的自我调节。水的净化机能、水生植物的净化效果能焕发出城市机体天然可生长的生态活力。遍布于城市居住区域中的河网，曾经是改善城市小气候的构造渠道，随着河面水波生起的微风，引领着临水建筑及街巷里弄中空气的流动，使气温获得匀调。盛夏酷暑的高温让河水蒸发，带走空中多余的热量。湿润的空气抑制了尘土在空中飘舞飞扬，保持着空气的清新，防止带菌的尘埃将疾病传播。夹在平行两河之间的民宅，通常有一条垂直于前后两河的“备弄”，洞开着的前、后门贯通了前后市河的上部空间，而这一条条串联着建筑室内的备弄都是与其侧向每一进建筑物的内院或天井连通的“风道”，可以巧用外界自然产生的负压，抽送新鲜气流。这种自然方法的空气调节构造不需要消耗电力或其他能源，从而减少了环境污染。

---

① 《管子·乘马》。

② 徐科峰：《建筑环境学》第238页，机械工业出版社，2003年版。

纵横密布的河网既是生活的供应线，又是生命循环的输出线，跟人体的汗腺一样，使城市机体正常分泌的物质，随着流水和风向排往郊外循环着的生物圈，净化了城市的空气。沉淀于河床的淤泥，历来有专门罱河泥的作业船定期清淤。河水又促进了城区公共或私家园林的绿化，也不必耗用自来水去浇灌花草、喷洒路面，可尽量节约水资源。

总而言之，河道网是保障城市安全、环境卫生与市民健康的幸福网。历史名城苏州的城市河道建设是为特定的自然地理条件而设计的，这是城市特色的真正所以然。

其二，对“传统”概念正本清源的彻悟。

古城传统的城市规划特征与现代生活的实际需求之间必然存在时代的差距，须要在适应时代发展的前提下进行保护和进化。保护的是传统的精华和可持续发展的生机部分，而这里所称的进化，则是保持传统基因对时新环境现实的适应性优化，并不是异化。

毫无疑问，传统是有相对缺陷的，须要随着时代的发展和变迁不断修正。正如以西方传统哲学机械论世界观为基础生成的先进文化，曾经取得巨大的科技进步与经济增长，但也导致了现代工业污染，造成当今全球化的生态危机。也恰如我们传统的本土文化中存在着落后的糟粕，影响着历来的社会发展和进步，然而，中国深厚的传统文化思想资源中所蕴藏的可持续发展生态觉悟与哲理宝藏，已为西方世界发现并肯定。虽然，传统势力的顽固性常使人执迷不悟，以至于“饮鸩止渴”，但中国传统哲学中的进步成分已使未来世界露出希望的曙光。

其实，在人类生命的认知意识中，如果要找一个相对确切的象征比喻，那么，传统恰似月亮。月亮历见，并照鉴着人类的过去和现在，她以皎洁的银辉启蒙了我们一代又一代人的智慧，然而，月亮的阴晴圆缺并不是她的过失，而恰恰是我们自身反复地遮掩了她的光辉。但即便如此，无论是一弯新月，一轮满月，还是一丝残月，都不减她姿色的清纯。“天人合一”，即指自然规律与人类生存关系的和谐、感应与统一。顺应自然规律，即在发展进化、周而复始的循环中升腾起美的永恒。明月启发人们认知世界的希望，剖析研究和科学评价中国的传统文化即如人类探月。

其三，对曾经遗憾的反思与展望。

古城的现状经过历年来突飞猛进的发展，已经是今非昔比了。对于曾经遭遇的那些“建设性的破坏”和“破坏性的建设”的遗憾，同样可以视为对传统概念认知的缺陷，也可以谅解为传统的月缺现象，但月亮总有一天要圆满的，因为传统毕竟是对于人为是非不断反复的相对完善与修正过程，这个过程是动态的认知过程。

再回到对于古城河道问题上的思考。苏州的城市地方风格，不唯是形体特征的追求，而更是一种内含着善始慎终，一如既往，周密可靠的必然风范与品格。因此，坚定地保持当年建城之初的执着，是一种理智的选择。建筑材料的历史周期性更替从来是必然的，日本的伊势神宫每隔 20 年要原样同材拆建一次，以保持建筑原始技术与工艺的传统。作为文化遗产，苏州的城市空间轮廓，包括河道、街道及主要文物建筑没有必要改变，为城市新建设服务的建筑及规划师在设计过程中宜保留传统建筑中的节能、环保与生态构造要素，并实现超越，不宜盲目追求“西洋镜”中的“现代化”壳体，设计毕竟是创作，而不是生产砖头。如今，古城的骨架还在，在当今科学技术与艺术高度发达的时代条件下，现代的“平江图”应该比宋代勾绘得更具素质的进步与完美。

在总体规划上，有序地在城市之内组织成网的水系，充分利用有利的地形和水文条件，在原有基础上，造就能够均匀畅顺地承雨泄洪，给排循环的条件和生态功能，妥善地维持并调理好城区之内市民生活宁静和谐的秩序，让风和日丽、山温水软、树清月明的理想环境构成城市空间舒适宜人的温馨家园，以促进市民安居乐业地从事各行生计，并在趣味丰富的习俗中陶冶出文明融和的情调气质，而最终给城市带来浓厚的地域特色和安定祥和的环境效益。这种效益仍然是提供给城市生命得以持续发展无比珍贵的资源。

至于随之而来的亮丽风光，那只是如影随形的必然。有形体功能真实的可享之美，才带来“秀色可餐”的影趣之悦，这是人类世界创造性实在的本质属性，如果舍本逐末地仅以视觉刺激的偏执追求去取代对生活体验的整体完美，那至少是人性不成熟的一种缺憾，这种欠缺源自对传统背景的忽视。在人的生存空间中，正如环境空间不能抽掉背景，现实无法截去传统的“底”而凭空去制造创新的“图”，这个图底关系是认识世界最基本的常识。如今，要不要恢复古城既有的风貌，也许是须要深思的问题，然而，如何科学地认识是非得失，“亡羊补牢”，则是更为首要的理智。

现代工业化造成的污染威胁着世界，也必然影响到古城苏州。“治国必先治水”，而水城建设更须重点治水。现代科技虽然已极大地丰富了治水理水的手段，但随着长江中、上游森林植被的减少，水土功能的退化及气候异常，盲目开发又给内地生态平衡留下隐患。“居安思危”，想一想，如今的苏州能否应付突发性洪水的冲击，防备自然灾害的破坏？这不是危言耸听，切莫事到临头才想起河道的好处，为时已晚！

古城保护并不等于文物古迹的保护，不仅须要遵守国际社会共同约定的各项环保法规和文物建筑保护性建设的若干宪章，还要满足现代人现实生活的需求，这是一个难度较大的课题。环境工程是城市建设总体的系统工程，在当前发扬“崇文、融和、创新、致远”的城市精神现代化实践中，要做好古城保护，优化河道功能的环境科学工程实务，须要将减灾防灾的安全大略与居住建筑小区建设有机结合。水，是构成世界万物的本源之一①，又是构成人类生活的基本元素，河道之水与市民生活密切相关，不能因为有了自来水就废弃河水和井水，不可舍本求末，以牺牲自然生态之本去谋求器态设备短暂的末端享受，就人类长远的切身利益而言，那是得不偿失的。

对于不同环境条件下的城市，河道似乎可有可无，但是对于有江南水乡优质基础的名城来说，保持优越，再创新高是一种时代进步。全面整治并优化河道的功能，就是开发现成的资源，特别是开发能维持安全与健康的生态资源。从这个意义上说，河道依然是城市的命脉。

原载《传统文化研究》第 15 辑，2007 年 12 月出版

---

① 《管子·水地》。

千年繁华姑苏城　世纪雄构天堂门

——解读苏州新火车站设计

时代的潮流，如奔涌在吴郡故廓环城河上的浩荡碧波，生生不息地滋润着这片世称“人间天堂”的富饶福田。新世纪和谐的春风卷起万里碧空绚烂的朝霞，焕发出文明古城持续繁荣的勃勃生机。为适应时代发展而不断履新，是古城生命活力长盛不衰的深层历史原因。如今，虽然古城墙已“有视无睹”，但围系城郭十大新老城门的地标，以及历来曾经维持城市生命机能健康运行的“咽喉”，如车站码头、关卡要塞等，还依然有形或无形，但有明确方位地存活在市民的心目之中。地处苏城平门外侧，现正在加速改建中的新火车站，也就是即将作为历史名城生命里程碑的当代标志，在这原有“北大门”关键的坐标位置上雄秀地树起（见图1）。

图1

破旧立新是发展的必然。当此原有火车站（以下简称“老站”）行将“寿终正寝”，完成历史使命之际，作为当年曾参与老站设计的三位建筑师之一，对老站建筑聊作历史性的剖视，并对现今可誉为当代大苏州“天堂之门”的旷世巨构——苏州新火车站的设计作一番未必到位的解读，可能具有获得促进设计思想和创作思维开放进步的意义。

一、在温故知新中完善定位

经常会想起一位先哲的名言:“一切艺术必须依靠它的起源的力量才不致萎缩……要从艺术开始的地方开始。”①按当今的理解,意谓从生活的根本出发点上,即从创造欲念的生成或缘起之处,展开符合现实需求的创新思维。因此,不能忘记,设计创作应是在历史背景下逐步完善的进程中渐感须得进一步完善时,把握相对合适的功能定位。

苏州的阊门,史称寓意中的“天门”。清人徐扬笔下的《姑苏繁华图》形象地描绘了当年“天门”胜境车水马龙的繁荣景象。清光绪三十年,当铁路铺经苏州时,阊门并不具备可供铁路交通设站的条件,于是火车站就建在阊、齐两门之间的那个地方。面积仅为205平方米的一间站屋,在当时民间工艺版画《苏州火车开往吴淞》中显露了仅为火车背景陪衬的一角。当初,从城内人赶火车须绕道阊门或齐门出城,再驱车赴站,有诸多不便。后来增设平门后,方可取道直接通达火车站。

世事沧桑,百年盛衰。随着城市建设和交通技术的发展,苏州火车站历经了大大小小数次站场扩建与线路设施的变更,包括抗战时期被日寇炸毁后重建的那座炮楼建筑。及至20世纪70年代末,国家经济形势好转,面临改革开放的发展盛世。由于沪宁铁路复线建成,来往车次日益增多,站屋陈旧,常处于超负荷状态,苏州才设计建造了一座较具规模的火车站。也就是现在所称的老站。

当时,老站按最高聚集人数5 000人设计。广厅两侧各为上、下行候车厅,并设地下候车厅,建有通道,可直达站台。为适应江南多雨气候,站前设雨廊与东西出站口连接。随后,又增设了贵宾候车及售票厅等其他站场建筑,站前广场并有扩大,若干年来使用效果良好。由于新中国成立初期,部定苏州站为二级站,规定只能建单层,1982年竣工交付使用时才被批准为一级,因此,扩建加层已是后来的事。但尽管如此,随着经济建设与社会生活高速度发展和提高,车站的适应功能一直赶不上形势之需。进入二十一世纪至今,车站一昼夜的车流量已从过去40对增长为112对,由平均每7分钟过一趟车,已达每2分多种

---

① 丹尼·狄德罗:《绘画论》第五章,宋国枢译,《文艺理论译丛》,1958年第4期。

流通一列。客运日流量从原来本已超过设计指标的10 000至12 000人增加至17 000人,若逢假日或旅游季节,最高纪录达到65 000人次。因此,这座线侧平式、仅三道站台的老车站已不堪重负,难以承载越来越密集的运行增长中的功能负荷。只因苏州的地理位置并不具备建设现代规模的海港或航站的条件,除了对具有传统优势的江河航运及公路交通进行深化建设与经营外,对铁路运输枢纽站场的彻底改造,能大幅度地、有效地扩大规模并优化其科学运行的功能效率,以充分满足人流、物流的运输流通量,这是在经济建设高度发展中时代的迫切需求。

时代在变迁中,人与建筑物都应与时俱变,变化是发展所必经的过程。变化之"化"本是化生万物之意。变而动,动而生。因此,老建筑应当适时改建,甚至为新建筑让出足够促进发展的空间,提供"在历史定位中再创"①的条件。虽然有些市民希望如罗马火车站那样,保留一丝城墙的历史轨迹,权作旅游文化的一个景点,也从图底关系上衬托新站的光辉,但碍于功能的主体大局,设计上确实难以为留。也许这与古城墙一样,怀念比"抱残守缺"更珍贵,在历史动态变迁的定位中优生,物态的存在与否都同具"化而生"的不朽意义,唯愿"雏凤清于老凤声",一代更比一代好。年近三旬的老站屋在这日新月异的飞跃时代,见证了古城超越西方百年的巨变历程,应当也算是相对的长寿建筑了,此刻应当"光荣退休"。只是在新旧交替之际,多少该有一番温故知新的感悟才是。

从开始设计的30年前起,正当改革开放的航船起锚之时,建筑创作的整体水平委实不可与今同日而语:设计思想的觉醒尚存在一定的环境障碍;传统的创意观念还处在既有经验与常规成法之静态组合营构的层面;彼时适才开放引进的艺术理论尚不能完全适用于现实的可行性实践;习惯势力束缚着建筑师的设计思维。老站的设计只能是按当时发展初始条件下的规范及政策文件为依据,以当时仅有的技术手段,甚至在建材与构件品种极为有限的选择下艰难设定。竣工至今,老站日以继夜,数十年如一日地坚持安全准点,正常满负,极速运行,在接发迎送客货业务平凡而繁忙的功能中竭尽本分天职,做出了突出的历史贡献。除了困于站场规模适应之难,社会各界市民与中外过往旅客对于老站,从形象到功能,就服务到旅途感触,恰如其分的中肯评价已载入站史发展的记录之中,唯排水系统及其年久失修的通畅问题已提示新站屋建设部门充分

① T. M. 格伦:《艺术与艺术评论》,刘文潭译,《现代美学》附录四。

留意。

二、以功能效益的满足为至高原则

现代建筑在对于空间的组织技巧及其经济效益尽致利用的深度价值来自功能发挥的优势。而生成设计意图的奇思巧构则无不源自哲理思维的凝练。如果说，传统的设计存在什么欠缺的话，那无疑是设计哲学的贫困。想当年在老站的设计中，曾在上、下行候车厅地下各设有略小于地面层的人防候车厅。由于忽略了对地下空间发展应变的可能性作概率逻辑的归纳与灵活性把握，疏于就“平战结合”现实措施与方式作深入到位的落实，以致未能充分发挥设计预期的目的和功效。而今，新站的设计则新在从规划、市政到场站内外作了在系统工程高度上的有机整合，将流畅、简捷、方便、效率和随机可调控动态性能等，完美而有条不紊地融入信息网络的高科技时代节律运行功能中，且令人适应并受到感动。

新站设计将原有的三站台增为七站台，这并非简单的倍数之增，而是从质与能的宏观概念上对线路“流域”和地区发展条件总体环境考量后的大幅度提升。

从老站原有的线侧平式站场平面结构，到新站的上、下多层跨线立体式的功能营构布局，大大方便了旅客的聚散、车次线路的编组和货运的流通。处在±0.000标高层东西走向并列的站台及其两侧的道线与穿越其地下及覆盖其上空和沿线两侧的站屋，构合成一个四通八达的“桥”式交通枢纽。站台按城际和普速列车区分开来。北站房广厅室内空间高旷，将来为主入口；南站房广厅与南广场空间敞合成半开放的“灰空间”，面向古城区。宽敞的候车厅与行包房及售票厅等通过苏式园林庭院的穿插、衔接与渗透，结合成一个特色浓厚的旅途环境。旅客出站从－6.750米标高的地下通道，经出站厅出站，或进入地下二层、三层换乘地铁2号、4号线离站，也可进入设于南、北广场的地下停车场驱车往返市区。标高8.250米处供旅客候车进站的高架层高大而宽敞，多功能共享，室内环境幽雅。站屋的外部空间，南广场中部与老站相同，也是步行广场，西侧为市区公交和行包停车场，东侧设出租车下客区及宾、客车停车场。北广场行经高架坡道连通站屋，作为将来的主要入口，两侧紧接市内公交及旅游汽车停车场。站内为旅客服务的商业用房通过地下空间的连接实现南北广场的桥式畅通。

这样的功能布局，使新车站成为出入“天堂”最畅达的门户。“天门”将向世界开放，接纳五湖四海的亲朋好友，也在吸纳人类文明进步精华之同时，将古城的千年繁荣持续光裕人间。传统遥指过去，实践求证着现在。新站功能之美的设计魅力，有待新“天门”完美竣工。

三、对环境与体型的深度创意

建筑，作为人性意志的物化和人类生命的创造物，同样寄寓着人的精神、性格、感情以及艺术的理想。建筑又是组成城市的细胞，而“城市是一本打开的书，从中可以看到人们的目标和抱负”①。每当进入或者离开某一城市的时候，似乎会令人生起一种打开或者合上书本的感觉。这时，城市大门恰似可以概括成对于这本书留下印象的封面。甚至年深月久，当记忆中对书本内容渐渐淡薄之时，封面的形态、色彩却依然不减。因为人对于形色表象的记忆敏感甚于文字，它可以留下深刻的怀念，而且这种感觉又是那样地莫可名状。

建筑创作不似纯艺术那样可以具象表现。30 年前，别说是创意，就是搬用一个形式元件，或者是符号，也难陈述其确切的抽象含义。时代的进步与观念的深化确实伟大而卓具影响力，以设计建筑檐口为例，为表现地方特色，曾经一度流行着约定俗成的潜规则，似乎非飞檐戗角、马头墙莫属。然而，“如翚斯飞，如鸟斯革”是手工业时代表现屋檐气宇轩昂的方式，有飞动之美的形体语言，当人们进入超音速时代，为什么不能将展现飞机掠翼挺秀腾飞之势化入时代精神飞扬的建筑形象上呢？上海那位建筑师设计了苏州会议中心屋顶那利剑般刺向天空的翼角，虽有微词，但精神实在可嘉，至于体量尺度与形态是否到位是可以推敲的。思想的解放，不唯敢于打开那扇开窍的门，还应是善始慎终的研究过程。事实上很多探索都憾于“功亏一篑”，半途而废，放弃了知难而进的机会。新站南北檐口的设计，已从整体的气势出发，在轻盈坚挺的钢构架强有力的托举下，大胆出挑到卓具雄壮气势之优美而适宜的尺度，同样是对“反宇向阳”的实用性能之追求，且富有建筑文化底蕴情调上似曾相识的亲切感。檐底用于结

① 伊里尔·沙里宁：《城市：它的发展、衰败与未来》第 23 页，顾启源译，中国建筑工业出版社，1986 年版。

构悬挑而形似椽子的部件，既满足力学支承的稳定功能，其似是而非的作檐椽状均匀排列的线段，又从瓦楞般规整有序的视觉韵律冲击中诱导着人们化入似评弹拨弦的铿锵节奏，如钢琴键阶的律动，生成余音绕梁的境界。建筑艺术上的含蓄表现是让人们从对于抽象的感触和反应中潜入丰富联想和敏锐的感情世界，恰如其分地满足心理感应所唤起对特色的浓厚兴致。

新站屋的总平面设计呈轴线对称，立面气势雄伟，既深寓着传统的元素和气质，又张扬着精湛严谨的现代格调。除了上述功能之美的素质外，更具备形式美的品格。远眺望其势，近观识其形。从高空俯瞰，如同停靠在江南水乡绿茵上行将轻盈腾起的飞舟（见图2），而若身临其间，仿佛能听到那充满智慧的形式语言，如弹词开篇中的苏白，刚中寓柔地娓娓道来。

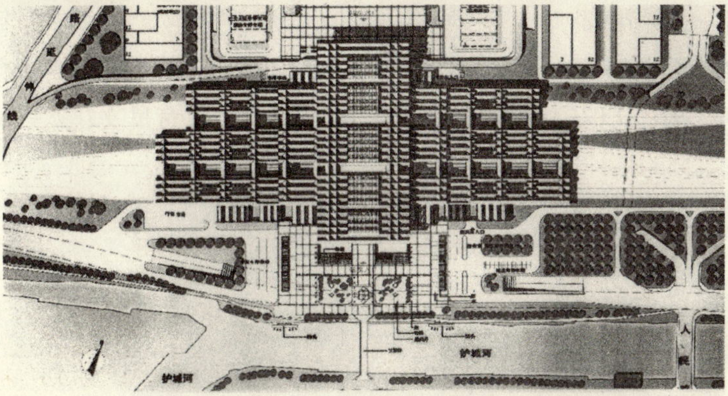

图2

灵。吴语中的“灵”是好的意思。“人杰地灵”意即好地方出得好人才。设计上采用传统几何正方形体作建筑平面是实用并合理的需要，但三维空间中，若都是直角相交，就像是如今的方匣子建筑。苏式民居特色是粉墙黛瓦坡屋面，但对大型公共建筑来说，大屋顶既不经济又不实用。为争取构造一种好的形体，除了采用传统屋面悬挑出檐的方法外，现代建筑的钢构架可以发挥斜杆大幅度出挑的优势，而且能构合或衍生成更为丰富的造型。构作斜向复合的单元组合，呈水平方向反复起落举折的连续便成波折形屋面。让建筑屋顶的投影在天际线上生起漫漫水波的韵律，这是建筑师为暗喻水城特色性格的大写意笔触。过去，在工业厂房设计中曾采用折板屋面，可架构成大跨度空间，但因施工难度大而不常使用。不过这并非没有开发价值，而是大有发展前途。如今，新站屋设计的候车大厅屋面便是在象征着水波的“折板”基础上，大胆改革、发展创新的杰出成果：貌似上下两层“折板”的对角叠合，实际是由每组四榀平面桁架围合成中空高宽为 8 × 11 米的菱形截面连续成片地组合而成的“密排菱形空间桁架屋盖结构”（见图 3）。菱形截面中空部分可供吊顶设备及维修马道穿越。屋盖上层的屋面板是铝、镁、锰合金钢板，直立锁边封缝；下层作为吊顶的是镀锌穿孔钢板，中间设保温层。该屋盖的形式既轻巧，又节能，且满足大跨度空间屋盖的构造要求。其最大跨度达 132 米，据说属中外首例。菱形断面的“菱”，与“灵”谐音，包含实在好的意蕴。所以，设计中包括建筑立面东西檐口、内部构造装修的窗套、大门两侧的结构装饰件角灯，以及壁面装修统一采用的图案母题都是菱形。横卧的扁式菱形是苏式传统图案纹样中常见的人们喜闻乐见之形式符号，在形式美的感态中具有静中寓动的特征，即从静止的正方形倾斜动化而来，显示着人们对规正的性格赋予灵活的表现而不改变本性，实际是一个对上、下方同具弹性力度的斜方形应变势能图案，具有与椭圆、弹簧相似的形静实动的势态内涵，象征着一股游刃有余地驰聘天地间且能屈能伸的中坚能量，显示着能忍自安的顽强生命力之美。同时，也寓意吴文化水一样的品格历来持久柔韧的精神气质。

图 3

巧。利用结构构件的本身作为建筑装饰的体面，不作“另包一层皮”的重复装修，是对传统工艺美学“天有时、地有气、材有美、工有巧”[①]之“巧”的新诠释。现代建筑节材、节能、节约时空，追求轻质、高效、多功能的设计原则，特别是不事做作虚荣的简约而崇尚生态活力的新风格，这些本是传统精髓中的美德。艺术的素质隐含于巧妙的暗示之中。新站屋面、北大门两侧，在坚实的墩柱上支

① 《周礼·冬官考工记第六》。

承着由抗震球形支座托举起的四根擎天斜撑之间，怡然自在，轻巧安妥地镶嵌着一个巨大的六角八面十二棱的正八面体菱角灯笼，表面饰以菱纹网格丝络图案，布置十分得体到位。令人联想到苏州民俗端午佳节时，妇孺胸前佩戴的“角黍”挂饰（见图4），多么亲切而浓厚的地方特色呀！灯笼鲜明而不喧宾夺主，既是结构的一部分，又有机谐调地肩负着迎宾、照明和装饰的功能重任。灯，是激发人类思想的火花，照亮人生旅途的星斗。传统的球灯呼唤着生活回归圆满幸福，而现代的角灯更从当代多元世界的多维空间中启发人们：在生活的多棱镜折射下，八面玲珑地驾驶自己的生命之舟，理智地关注那如万花筒中瞬息万变的世界图像。它们一东一西面对着过往旅客，祝报人们旅途平安，为着可持续发展的未来，好好经营自己幸福的人生。

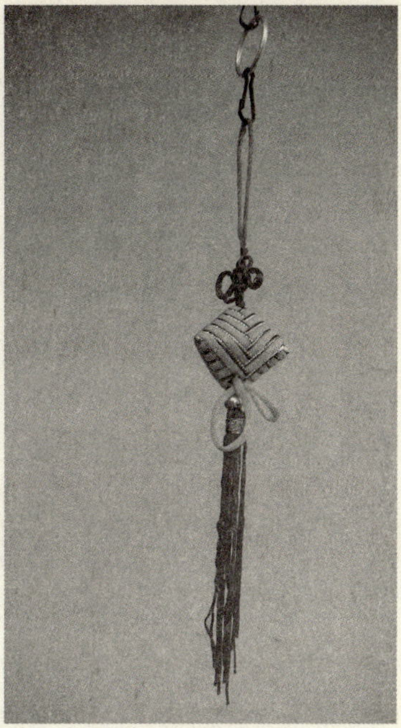
图4

雅。真实性和创造性是艺术的生命，而感情是艺术的灵魂。环境艺术的雅，是稳寓在环境空间层次中丰富含蓄的真情实感所给人轻松舒适的文明兴致。新站屋设计中对建筑及装修材料质感、色彩和肌理的把握，已极尽了从概括中见含蓄丰富之能事，虽体量庞大，但从环境整体出发，淡化个体的张扬，而融入整体基调的和谐。特别是排除了杂乱的时尚流俗及非本质属性的异化因素之干扰，即使标志也不过分招摇眩目，保持着宁静洁净的空间视野。粉墙黛瓦朴实的存在提供给空间一个黑白、深浅与明暗两极之间“中和调子”的体验场，光影在粉墙上“塑造”着一个又一个色彩统一但细部缤纷的世界，而这个黑白之间呈灰调子的世界具有无穷层次，看它有用，说什么都像；不看不碍，什么都没有，不会产生视觉疲劳，可保持清新的心态和情绪。雅境令人专注神往，也让人放松，养精蓄锐；雅兴将诗意诱发，并令人感慨，让旅客在旅途免除疲劳，享受空间淳厚的信息波，给人以人性的关爱和温情，当然也包括警觉和安全。城市大型公共空间是维护社会公共秩序，孕育文明道德和团结友爱之国风民俗的大课堂。

四、为可持续发展的生态建设留有余地

将建设资源节约型、环境友好型社会的目标确定在现代化发展战略的突出位置，是我国建设生态文明，保护环境的基本国策。新站屋是一座生态建筑，墙体的保温隔热性能，折板屋面的太阳能利用，室内气候的敏感设计等节能措施和效益将使新站屋成为21世纪初最先进的铁路客站。发展中社会的进取热潮中，有激进的狂热，也有保守的冷静。对建设大业常有百年大计、流芳千古的历史观，也有功在千秋、利在当代的现实观。新车站的设计和生存年限会比老站更长久，但仍须吸取老站的教训，值得关注的是车站领导管理层提示的问题：由于站场占地覆盖面积较大，在多雨季节或偶有突发性风雨灾害时的泄洪排涝功能应与建筑防火的疏散速度同样受到重视，环境规划宜将富有城市水网特色的排涝防火优越性发挥在站屋周边，如果有一圈围系站区的河道，则要比地下管沟通畅许多，而且能让“天门”景观增色。当然，待跨线新客站南部站房工程相继完工，整体落成时，沿着环城湖畔的南广场立面，又将是苏城独特美景之一绝。另外，尚宜设想发展中的宏观规划，即南北向的趋势，新站屋是否已为未来有无可能连接从苏北到杭州湾的铁路交通干线建设留有余地，这是今天所谓超前的思维。也许是杞人忧天，但愿如此。

“建筑是城市精神在空间的投影，建筑的审美意识应当是一个民族素质的组成部分。优秀的建筑是城市的骄傲。”①雄伟挺秀的“天堂之门”作为苏州北大门，将屹立在古城明媚的天幕之下，她既是文化苏州的一个典型大市民的形象表率，也是我们建筑创作最好的范例。

回顾苏州火车站整整一个世纪的变迁，这也是古城生命里程中的一个历史性的缩影。文明觉悟让我们意识到城市形象的重要。“城市形象设计是一门新兴的科学，它的基本内涵在于要通过挖掘城市历史的与文化的内质来给予城市规划以准确的定位，通过形象来表达城市的文化内涵，使城市具有个性与特色。”②新站屋的设计和建设又是一个新的开端。为适应长三角地区经济高速度发展对交通运输日益急迫的需求，新客站一期工程北站房已于2010年7月1日

---

① 赵鑫珊：《我们的建筑评论在哪里?》，《文汇报》1997年1月27日笔会栏。

② 任平：《时尚与冲突》，东南大学出版社，2005年版。

投入运行，当前情况下的旅行环境暂时难免有些陌生的不适应，需要经历一段时间习惯的磨合期。全面完善的车站功能与综合效果尚需待南部站房及2号、4号轻轨建设的最后完成才能整体发挥，工程建设依然日以继夜地进行着，让我们期待着在逐步改善的条件下，设计意图获得充分到位的圆满。比如说，从环境艺术的高度出发，“好花更需绿叶相扶”，如果北广场空间能以迎面是一片郁郁葱葱的广阔树林为“对景”，那将是千年苏城，世界天门“当惊世界殊”的绝妙佳境了。

原载《苏州文艺评论》2008年（年刊）

以科学发展观落实文物保护政策

读了本刊2007年第二期王引同志的文章，唤起了笔者对一件往事的回忆：那是在20世纪“大跃进”年代全民大炼钢铁的一座小高炉旁。一天，领导传来通知，要笔者立即从“钢铁战场”转移到另一个抢救文物的“战场”去。由于炼铁急需建造小高炉的耐火砖，人们在南京中华门外的“宝塔根小学”操场及其附近，发现有不少琉璃碎砖，这些琉璃残砖可以作为耐火材料使用。随着挖掘范围的扩大，又在附近的能仁里窑岗村一带，发现许多琉璃建材堆积。于是，笔者与当时同在南京博物院考古部的张正祥先生奉命赶赴现场，展开紧张的发掘工作。当时，清理出几个大小不一的窑址和成片琉璃构件埋藏区域（可能是古时的场库），其中有已施釉的成品，也有未烧造完成的坯件，从形制及装饰雕塑纹样的风格特征看，全是明式的建材遗存。

我们选择了有典型建筑构造与历史艺术价值，且有复原可能的大量构件，运回南京博物院进行整理研究。若干残缺的部件，由笔者按比例缩放补塑。根据文献记载及所获实物（大多是大型的空心陶瓷琉璃组件，有的单体重达百斤以上），我们复原了琉璃塔上某层相对完整的一座拱门，高度有三米多，在1959年建国十周年南博举办的“中国历史文物陈列”明代馆中展出。

如今，将近半个世纪过去了，有关部门及专家学者们就如何修复或是重建大报恩寺琉璃塔的议题，做了大量的可行性研究，或许现在已有定论。但笔者想，不管这个方案如何实行，我们有必要在落实祖国的文物保护政策问题上，从当前科学发展观的国策原则高度，宁静地作一番深刻的思考。

一、在城市整体规划空间中营构区域环境

南京明大报恩寺琉璃塔的雄伟壮观及其独特非凡的形象气度，在历代文献

中不乏生动描述，完整地再现当初具有世界影响的辉煌，无疑具有深远的意义。但值得推敲的是，如今遗址周边的城市环境现状。如果在高楼林立的建筑群体中竖起一座八十多米高的琉璃宝塔，在这辽阔或深远的天际线上，将会呈现如何的立面投影，须要审度把握。若立地仰望，或登塔远眺，所面临的景观特色可能已今非昔比了，而此地的地理位置与灵谷塔迥异。是否可以通过电脑模拟或从缩尺模型中取得形象效果的感觉。宜请规划及环境建筑师作全方位、多维度的斟酌。如果已经动工兴建，尚可进一步与周边环境随机谐调。

二、文物建筑价值意义的全面权衡与认知

从我们当年考古发掘所获实物材料可知，该塔系由从底层向上尺度逐层递减的全陶瓷质琉璃组件构筑而成。明代尚无像灵谷塔那样的钢筋混凝土结构，也不可能以木材构架。我们曾发现，许多构件的隐蔽处均标有如“七层右……”等设计编号，表明其预定的安装部位，且有为相互组合而预留的卯孔，提供榫接之需。这种属于预制装配建筑技术的构造形制，在距今五百多年前的明代已如此成熟，实属我国古代高层建筑技术走在世界前列的一个值得骄傲的明证。我们当初曾力求搜寻有关构筑工具，如构造节点的卯合或紧固物件等，惜未能如愿发现。如果在当今按照碑刻文献所示的图像，复原一座现代结构的琉璃塔，这并非难事；但要是复原一座原结构的装配式琉璃塔，有些烧造技术及装饰工艺，已不能如实再现彼时代所具备的先进意义，且对琉璃浮雕等特种手工制作的水平也许还难以模仿到位。历史地评价文物建筑的价值，本应以当时的生产力和科技条件为前提。报恩寺琉璃塔兼有社会经济、宗教文化、建筑艺术和工艺技术等综合的历史价值，这些历史的功能价值，并非现代复制品所能生动体现，只能留在出土文物与传世的文献档案记述中，为后人提供通过对传统得失的研究获取发展创新的启示。

三、历史文化工程建设的目的是教育后代

名扬世界数百年的明大报恩寺琉璃塔从建筑的性能上划分，属于由不燃烧体构建的防火建筑。一百多年前，宝塔的毁塌并非被战火焚毁。据传是敌对一方为拔除其为处于城墙一侧的制高点而将黄豆填满二层，然后在底层架火燃

烧,让黄豆受热膨胀而致使塔身崩毁。为实现一己战利之短暂目的,而不顾民族大义,不惜破坏全民共同珍贵的文化遗产,实在令人痛心疾首！修复或保护文化遗产,可以是完全物化的复原,但是,找回不可遗忘的文明信念,则是尤为重要的。科学与艺术的教育,需要生动而真实的物证和道具,作为感染心灵的传媒教材,万不得已,才仿制模拟物代替,而且特别强调忠实于原件。如果重建的条件不成熟,不妨建立一个遗址博物馆,将货真价实的文物就地陈列纪念。应当让万世后代永久保持着念念不忘的痛惜之情。而更具现实意义的是可以警示当代:人们应对文化遗产进行千方百计的保护,明白这些无价之宝毁之不能再生的道理,且进一步领悟,再也不能继续糟蹋当前依然尚存着的那些与时俱增价值的财富了。当然,也包括生态环境中自然真实的不可再生资源。

至于为发展旅游而仿古的现代建筑可以赢利的效益功能,则是另一回事情,不同的定位目的收获不同的教育深度和价值意义。试想江东门纪念馆中殉难同胞的白骨如果不是实物,那能有如此撞击灵魂的巨大震撼力吗？不能。可见,发展的基础和动力是人的进步力量,而人的每一步成长无不源自文化工程中实物例证所给予的深刻教育。

四、在保护原物的基础上科学发展

我们不能在明故宫废址上再造一个明故宫,也不能让在侵华日军南京大屠杀遇难同胞纪念馆里的30万亡灵复活,历史的沉痛和遗憾应刻骨铭心地牢记。这种思想的文明感悟与觉醒比重新建造一个提供旅游的假古董影响更为深远,虽然新造一个纪念建筑同样可以借喻历史,陈列文物,但毕竟科学与艺术的价值标准都追求真实性,宁可"抱残守缺",也不造假虚设。有关文物保护的策略原则,国际社会曾有多项共同约定的宪章和宣言,强调的是保护原物,不主张再造。即使复原也须要经过科学考证后有根有据地专门设计修复。通过浓厚的原生态展示,可以规范并充实人的责任意识,实事求是地尊重先辈的业绩,培养自爱的信念与美德。

"发展就是硬道理",但如何发挥科学的智慧,稳健地发展乃是真道理。"发展"的定义是指事物由简到繁、由低到高、由旧到新的质的提升。意识到必须要发展,是伟人的英明决策,即人的智慧起了作用,正是在这个意义上说,"开发"是作为人类思维开窍的发现,亦即唤起人的创造性智能的启蒙。传统的历史经验与教训应当熟视有睹，前事不忘，后事之师，不能重蹈历史的覆辙，应使发展思维的时代列车驶入科学的轨道。众目所见，目前，有些蔓延着的“滥开发”却在让旅游资源渐渐地消失。生态环境的恶化，已是史无前例的隐患。设身处地地站在我们子孙后代的立场上回眸当今，那种唯利是图的狂热比当年毁掉报恩寺琉璃塔的愚昧还要不可思议。一个民族要珍惜自己的过去和现在，立足未来，既要肃清传统观念和史实中腐败落后的遗毒，也更应发扬中华数千年文明智慧所凝聚的和谐精神，维持传统环境及其所包罗万象中的健康生机，从现实生活中的每一件小事做起，包括对历史文物、生态环境，进行科学有效的保护和建设，以科学发展观指导落实国家的文物与环境保护政策。

原载《苏州民盟》2008 年第 2 期

室内设计的节能意识

时代进步的春风吹开了通向和谐世界的窗户，将建设资源节约型、环境友好型社会的目标确立在现代化发展战略的突出位置，是我国建设生态文明、保护环境的基本国策。全社会关于节能策略的共识，表征着人们对于生存与可持续发展未来之生态觉悟的普遍提升。这是一项刻不容缓，且又须得全面广泛关注的系统工程。节能意识是一种当代意识。当今，从生活方式、产业结构以及各行各业基本建设的运营，到每一个社团、家庭和个人，节能环保意识已普遍觉醒并切实践行。节能环保已成为当代人，特别是室内建筑师责无旁贷的神圣天职。

建筑业本是资源和能源消耗的“大户”，属于建筑室内工程的设计和施工行业，占据着建筑业相当规模的工程量及其可观的资能投入。由于国民经济发展日趋迅猛，而科学运行理念和技术相对滞后，至今，能源消耗的形势依然相当严峻。

若干年前，原建设部领导曾经指出，设计上的问题未必囿于造型、材料、设备和手法方面的原因，在很大程度上是缺乏像节能这样的技术设计深度。当前，在对建筑围护体的保温隔热及设备的节能效率等方面，各有关专业竭尽了卓具深度的努力。然而，作为系统工程，则应是包含着全系统的同步运作，即各专业领域共同围绕着与环境质量密切相关的节能课题，多渠道地全面集中攻关，大力协同工作。其中，为全面落实建筑活动所追求的整体目标，处在实现包括节能降耗等所有建设成果终端环节上的室内工程，实际上肩负着功能综合的重大使命。室内设计不惟视觉形象的表现，更须在关系到室内环境整体素质，尤其是空间营构技艺的设计深度上有所作为。

现代化建设将建筑设计的深化部分归由室内设计专事经营，在充分利用和保持建筑设计既得成果的基础上，除了对材料与形体的选择和饬整，并为设备装置的应用提供最佳配合之外，室内设计须要千方百计地极尽固有本分之能事，发挥系统深化的职能，巧运为建筑增益的点睛之笔，造就室内环境空间质量深层的整体完美。为谋求实现节能降耗、卫生与防护，为实现健康、安全、舒适而经济等生态指标在内的建筑综合效益创造条件，切实探讨室内设计节能对策及其涉深过程的方法研究，就是一项关键性的深化实务。

建筑科技的发展进步促使设计市场空前繁荣。新材料、新技术、新产品和新工艺日新月异，层出不穷。丰富的信息流为设计广泛提供精益求精的选择余地。将合适的材料、设备与技术合理地组织在合适的创新空间，发挥充分的作用，这便是最好的设计。技术进步能够提高资源的利用率，但对资源的消耗也同时随着利用这种资源技术的改进而加快。琳琅满目的产品市场考验着室内建筑师对材料性能的认知、取舍和应用才能。装修材料的节能品质取决于制造环节的价值构成（包括生产成本中的能量投入）与这些材料在设计支配状态下是否恰然实现对其性能的尽致利用。如果不能让材料恰尽其能，因材施用，或者未能因地制宜，适得其所地组织构造到位，以致在不必要的部位闲置，却又在必要之处紧缺，轻重倒置，那么，造成的浪费和危害即等于双重糟蹋了资源，也糟蹋了设计本身。即使是无意或轻易导致资源的流失，其实也不容轻而视之，因为那种流失并非属于拥有意义上的不再拥有。由人为的无效做功生成自然界的无效能量泛滥，即“熵”值的骤增，污染、毒化以及垃圾的膨胀正与我们疯狂地争夺着洁净的空间环境，这也许还是某种由人为因素日积月累而肇始突发性灾祸的诱因之一。因此，对于材料的选择既是必然的，而又须有节能意识上严格而科学的理性制约。

现代设计的发展趋势正日益促进着建设环境的文明化，既逐步改善着生产作业现场施工中的劳动条件，又加快了工程建设的进度。构件化的标准系列设计在引导材料的加工方式上谋求实现形体构成的精确度及其灵活的造型手段，还提高了对材料和能源的节制利用程度。设计对构件的重复或组合使用，以追求多功能兼用布置，既丰富了室内环境空间形态的多样性，更促使构件利用价值的扩大和延伸，增强其在不同条件下的适应性，从而在耗材率的降低过程中直接或间接地减轻现场作业和运输的能耗，也减轻了材料制造业的能源负担。室内设计还有可能在满足建筑智能化，包括日益繁密的网络布线、设备的随遇安置等要求上，配合节能构造的细部处理，合理开拓诸如墙体、吊顶、架空楼地面，以及不规则围合间隙之缘、隅、端域等可以利用部位的剩余空间，尽量发挥其作用。

随着生活方式与工作效能的精致化，室内设计的构造技艺涵盖了包括土建、设备和装饰装修在内的整体合成。节能意识要求室内工程在设计思维过程中，处心积虑留意遍插节能的一根“筋”，让节约能源的功能基因融于室内设计与各相关工种的协调关系中。这种协调关系立足于各自调整本位的配合方式，避免相互越位排异。诸多设计实例证明，相关工程专业设计之间的相容相促即相辅相成，利彼亦即益此，最终有利于建筑及其室内整体共同克服工程设计的困难。相互排除种种困难，实际是有效地避免了经济重复投入、质量隐患与能量的无谓损失与消耗。

质量是关系到工程建设生命的首要指标。然而，环境质量又是在满足安全使用基础质量之上追求功能满意度的一项动态的考量。因为环境状态受到自然气候、室内空间容量与人的行为方式，如使用规模等不确定变异因素的影响。建筑师对围护体的构造按设计规范计算而提供相对限值之内的功能保障，设备工程师对装备完善布置，实现可选择条件下的定量满足，但任何现实的室内环境均须能随机应变地实现最佳状态的适应性持续。于是，根据系统论的反馈控制原则，一种能随机综合调控，且自动维持动态适度的室内气候敏感设计，不管是利用设备手段或是配合构造技术，取得一定程度的自能运作方式，均需要室内设计从细部到整体上提供构造支持。前者可通过智能化设计实现；后者宜深挖国内外传统或地域建筑中所蕴含的设计资源，以萌生创意。比如利用地能相对恒定的温湿度传送构造及自然拔风天井的原理以及对国外风塔、地道的构造借鉴等。这些，都须要深怀宁静之心，沉着投入未知或已知而未尽知的领域，体验人性本能意志的坚忍。生活是创作和创造的源泉，事实上，许多发明和发现，都是有心计的科学家和艺术家从现实的生活空间潜入虚拟境界，专心体察，将心灵的闪念通过科学和艺术实践的验证，获得解密的真知，最后才确定所设计谋的可行性。我们的室内设计也须要践行这样的过程。

《室内设计与装修》杂志 1993 年第 3 期曾发表过赵毓玲老师编译的一篇文章，介绍日本某建筑的室内节能设计，未料今天看来依然新鲜。笔者也曾在那年 6 月完成一项关于乡村自维持住宅的节能研究，且获苏州市科委立项，但在当时形势下，众多室内建筑师奔忙于繁荣的装饰设计市场，没有余力去发挥建筑室内质量深化的设计创意，因而，难以普遍履行设计前期必要的科学实验职能。12 年后，国家发改委能源研究所公开当时的统计数据：创造每百万美元的能耗，中国是世界平均水平的3.1倍，相当于日本的9倍。2004年发布的《节能中长期专项规划》指出，到2010年，中国每万元GDP能耗将比2002年降低16%，然而，在随后的头二年中，经济过热局势造成GDP能耗指标反而上升，竟比2002年上升了8%，这样，要完成规划指标，就得在当时能耗的基础上降低20%以上才行。如今，节约型社会呼唤绿色GDP，反映经济走势重要指标的传统GDP并没有显示出经济规模及其增长对资源和环境的影响。绿色GDP提醒我们在经济发展的同时，还须对我们赖以生存的生态环境予以相当关注，没有扣除环境污染和资源浪费所造成的损失，即使有增长也不一定有发展。在高耗能产品出现过热的形势下，必须把节能当作中长期目标。对于室内环境与质量的价值评估也是这样。时至今日，大势所趋，关系到国计民生切身利益并体现设计智慧的室内节能研究，毕竟势在必行，而且任重道远。

"万丈高楼平地起"，室内设计的发展前景与建筑设计相应远大，在艺术意匠的同时，尚需以生活现实中当代进步的生态哲理为基础，以科技创新为支撑，充实室内设计技巧与智能含量，开辟本属于我们的新天地。科学发展观并不迷信商品广告词中的口号，但尊重实事求是精神承诺的口信，靠的是身体力行。要做的事很多，但紧要者优先。

须要明确意识到的是，节能并非吝啬对自然资源的开发利用，而是谋求进一步精明地智慧利用。一方面，要借助于科技框架支起的杠杆，探索由资源转化为能量的最大值，控制其挥发所需消耗而足以提供需求相应适度的标准值，实现科学消费。比如在调控功能的设计中，运用自动化技术，为实现能源的充分利用或最低消耗提供分级、分量选择的条件，以满足不同规模用量的实际需求，对电、水、暖、器、材等涉及耗能环节实行有效制约。而有待开发的，还有诸如光导纤维引进自然光源的先进技术等，那是单靠艺术手段所难以实现的。当然，高科技产品同样应以低能耗作为选择的相对前提。另一方面，宜深入体验生活，提炼民间及传统文化潜在的建筑精华，解析地方民族建筑中与环境有亲和友善关系的维生态构造特征，立足于室内设计对本体性能的营构，谋求对自然能量的巧用，尽可能不依赖或少依赖机械动力的消耗而直接提取纯净的生态营养。因为设备毕竟是设而备之的机器，人类可以在必要时依靠它的帮助，以满足一时之需；但若一味放纵欲念，追求奋极一时的"舒适"而失去自控，动辄"必须"而养成恶习，让机器成为必不可少的依赖，人就会因麻痹而丧失本能的活力，遭际体能萎缩或适应能力的退化。"空调病"、"富贵病"就是得不偿失、因福得祸的典型。在室内设计中，我们也有做错了的事情，比如，将室内隔墙门户上方的气窗取消了，以为可以保持封闭房间的空气质量，其实这是倒退。空间本应与人一样具有体现生命活力的呼吸功能，自然提供的营养是维持健康生命的精华，亲近自然，使有自然气流的“穿堂风”在室内缓缓循环流通，才能保障人的基本需求。即使是封闭空间，仍须要人工放送温湿度有调节的自然新风。站在生态觉悟的高度，谁也不能舍本逐末，自以为是。

目前，在室内节能问题上，首要的是应从实际出发列入议程，及早起步，循序渐进，不容耽误。有关室内节能措施，如上所述，最紧迫的是：在装饰材料的选择上，除了十分必要之外，须慎用或免用高耗能产品；挖掘设计潜力，杜绝浪费；在构造上，严格维护建筑及设备设计的节能成果，并进一步深化优化调节手段；在对室内空间构造层次的综合协调中，防止与其他工种形成功能重叠和关系失调的矛盾，避免无谓的损失；而最重要的是强化室内设计在环境建设过程中对于功能综合本应发挥的主体支配性职能。

质而言之，节能意识是生态理念在能源问题上的一个典型认知，它启发着人们通过科学的运营，以适量投入，谋取得失相当、盈亏平衡的功能产出，或者进一步以创新的智慧实现得能偿失，且于环境的经济价值增益，而不容许亵渎人性的资源糟蹋现象泛滥。“经济者，经世济民也。”治理好人类世界，济助人民生活，对于室内建筑师而言，即应秉持室内设计艺术的根本宗旨，以发展进步着的当代哲学智慧，艺术地导引承载着生活主体的工程技术之双翅平衡腾飞。

室内设计并非不存在可以开掘的节能潜力，只要存有意之心，便可获有睹之视，空间本属可以“当其无而有室之用”的肌体，“无”中确实存“有”，而且也可以生有，唯“无”才是“有”之本，熟视有睹即设计艺术的灵性。室内节能节约的都是财富，而为节能研究所付出的努力诚如促使整体升发的“酵母”，是知识经济结构中举足轻重的附加值。设计创新所舍弃的是盲目浪费所堆积的沉重“包袱”，获得的却是智慧果实的净利。流失的是教训，滤取了经验，而感悟的睿智才堪称珍贵的经典，唯其如此，庶几可将终日奔忙中低迷的操作设计“产值”精炼成为更高层次上知识能量可持续发展的真正价值。

原载《苏州勘察设计》2008 年第 4 期

传统木结构建筑的抗震价值

惊撼九州的汶川大地震顷刻间夺走了成千上万同胞宝贵的生命。创巨痛深之余,惨烈的灾情令人愕然忖思:本来用以保护人类免遭风雨寒暑侵袭、防避异类伤害的围护体——坚硬的建筑物,竟然随着地壳的阵阵骚动,不仅失去抵御之功,却反而在土崩瓦解中,将受其庇护的对象埋入废墟。

地震灾害是自然界物质运动不可避免的必然结果,震害造成无数房屋倒塌,导致惨重的人员伤亡及巨大的财产损失。有史以来,人类一直面临着一系列的自然灾害、人为灾害和潜在危机的严峻挑战。震灾不仅考验着临危环境中每一个人的道德和意志,也检点了人们在日常生活中有关安全意识的掌握程度,更以众多遇难者的宝贵生命为代价,换取深重的经验和教训。据统计,在曾经发生过的一百三十多次震灾中,95%以上的人员伤亡是由建筑物的倒塌造成的①。所以,对建筑工程进行抗震设防是保证建筑物具有抗灾能力,减轻灾害的关键性措施。然而,在广大农村及偏远地区,建筑物往往并不能完全在严格满足工程技术的安全要求下营建,即使有些已按国家颁布的抗震规范设计,也难免在施工过程中未将安全措施落实到位。农民自建房屋,往往是沿用传统习惯,采用简易操作的土法施工,甚至简易到"危如累卵"的堆砌,或者是任将不同的建材缺乏整体锚固地搭积拼凑,那么,在泥沙灰浆勉强的撮合下,即使外表粉刷"美观",而实际是经不起检验的危房;又如果这类建筑正好是建造在震灾频发的"地震带"区域内,则都是极端的险情。这类似不明显的潜在隐患,其实更须要得到必要的关注。我们将关系到国计民生特别重要的关键性建筑都列为"生命线工程",重点保证其抗震安全,备有完善的应急预案措施,防止因突发性灾害对城市集镇整体的破坏而丧失应变和控制能力,这当然是头等大事。但

① 叶义华等:《城市防灾工程》第140页,冶金工业出版社,1999年版。

是，对于散居在广袤国土、山河之间无数聚落环境中的绝大部分人群（包括8亿农民），从根本上说，同样具备“生命线”的意义。但由于面广量大，对任何一处突发灾害的紧急救治都十分艰巨。可见在平时，普遍心存“防患于未然”的共识，认真将抗灾建设当作生产和经营实务来做，那是何等的重要！汶川地震中暴露的某些“豆腐渣”工程说明：一方面，对于工程违情的存在须得警惕；另一方面，也暴露了人们漠视在既定震区的建设工程中特须严防的责任。历年来，在城镇建设中，众多的高层与多层建筑，在国家严格的抗震减灾策略保障之下，坚持“防重于治”的策略原则，实现“大震不倒，中震可修，小震不坏”的防御目标。然而，在广大农村和沿地震带一线的重防地区，本来拥有相对可能的条件，能就地取材，构建一些木结构的生态抗震建筑，也似乎本不该建造那种砖石承重和不规范且缺乏抗震构造的混凝土构件房舍。究其遭灾的原因，大致有两个方面。其一，是人们误以为木材是很“土”的传统建材，好像与心目中“现代化”的时新“洋房”相去甚远。以至于不少乡亲们弃置家宅环境风水之利于不顾，舍本逐末地自毁家园，连根刨掘掉荫庇家业的根基，将相依为命，甚至祖传的成材佳木廉价卖给下乡收购的城里人运去造假“景观”。于是，既影响了水土保持及家乡的气候，又丧失了传统建屋的支柱，让家园的建设和经营涉入灾难性的误区。其二，则是木材资源的短缺。那是长期以来滥伐山林，不思后果的教训。其实，“亡羊而补牢，未为迟也”，只要还有土地存在，脚踏实地开发本土资源，艰苦创业，植树造林，要不了多少年，便是一本万利的事业。因此，及早权衡选择在本土发展的捷径，也许是可持续发展的大趋势。实而言之，创业方针与减灾防灾策略也是不无联系的两种利害关系的博弈。

知人善任，识材善用。木材，历来是世界上最富有生态属性，即保持自然界物质循环最理想的建筑材料。考古学曾经以各种出土文物的材料来命名每一个物质文明的时代。在铁器时代、青铜时代及石器时代之前，实际上还有一个漫长的原始时代，或者可以称为“土木时代”，那也许真是一个人类与自然十分亲密的“环境友好型”生态世界。最早的木制器物与木材构筑之所以不能流传至今，是由于木材有有机的生命特性。生物的单体在融于自然的整体循环中化解或萌生，从而保持着族群生生不息的繁衍。生命具有不断变易着的交替过程，从亲代到子代呈活性的相继传承，而不同于无机物类那样固留静态的遗存。在对于“永恒”的哲学理念上，东方中国以“变易”为永恒，与西方视“不变”为永恒的观念虽然有所不同，但是，在对于木材永远保持变化生发着的生命活力这一点上,则同具共识。如今,芬兰,还有瑞士、奥地利等国家广泛使用着以木材作新结构的大跨度构件,或采用组合构造的梁、柱、板式“基本分子”组件,将传统技术与现代科技方法紧密结合,构成新的建筑体型与空间,其轻质、高效、多功能的优化品质甚至不亚于钢材结构。既经济又卓具生态意义的诸多优秀建筑实例表明,任何材料在每一个时代都在不断的发展进步中,即如陶瓷这一传统材料,在现代航天飞机表面还是最关键的耐高温材料。木材亦然,问题只是在于我国森林资源的相对匮乏。现代生活十分需要木材,特别是作为建筑主体构件和装修材料,更具备其他材料无法替代的物理性能、质感和亲切感。因此,生态经济的发展落到实处,其当务之急乃是大规模植树造林。这是功在当代,利在千秋的长远之计。

标志着当代发展和新世纪科技进步的建筑材料,要求具备重量轻、强度高、耐腐蚀、防火抗震、节能环保等一系列生态素质。当今,人类面临着在经济发展中既须要保护环境,又得维持生态平衡的严峻挑战:大规模的工程建设施工与竣工项目投入使用;大批量的建筑材料生产与新建筑采暖空调系统的投入运行,造成空气中二氧化碳含量剧增,从而导致红外线辐射的反应交替发生,使全球变暖,温室效应加剧。在这种情况下,只有生长中的树木能有效吸收空气中的二氧化碳,而木结构建筑也能在一定程度和范围中储存并改善这种日益恶化的状况。随着植树造林,“退耕还林”等生态策略的落实,通过树木及木材吸储二氧化碳,并实现木结构的构造更新与新技术的推广,尚能从另一方面逐步控制钢铁、混凝土等高耗能材料产品的生产,以减少二氧化碳的释放量,从而限制能源的过度消耗,实现资源转换的有机循环,促进物质可回收再生的环保策略有效实施。

木材及建筑木结构的物理性能不仅在保温隔热、抗震减灾方面起作用,并且能在对建筑物的改造更新和维修替换的重复利用中再生经济效益。因而,其可持续发展的价值意义明显优于其他材料。至于在防火防腐蚀方面,木材同样可有积极有效的技术防范措施作为可靠的功能保证。

对于传统木结构建筑的材料、工艺和结构的现代化,我们须要纠正的偏见是,不能站在古建筑既成“法式”的立场上对待木结构建筑的发展创新。诚然,修复传统的文物古建,须要忠实于历史,应按其时代独具的特色修建。例如,宋式的瑞光塔宜按宋代李诫的《营造法式》修缮,明代的网师园可按家具的明式风格整治装修,等等。而对新建筑的木结构设计,并没有谁规定必须按古代法式,也没有理由认定木结构建筑已经过时。不仅如此,我们还应以发展着的现代工艺和构造,丰富传统的手法和技术。木材的基本构筑系统,既是“从原始到永恒的建筑形态”①,又是须要进化的事业,比如近代的大跨度桁架,甚至时尚的钢结构构架形式,在构件的节点或杆件的受力部位,可以采取相应的措施加强,融入新的复合因素,包括木构件肢体和节点的力学组合,借助金属构件和其他复合材料,对抗震应变的构节予以稳定、铰接及弹性的强化。事实上,在我国古代建筑中,曾有作为木构架杆件交接衔合的接插件。比如青铜的“金釭”②,即堪比为现代网架结构中的球节点,在陕西凤翔及张家港鹿苑出土的这类文物可以表明,木构架的复合材料与技术不惟现代西方,而且跟古代中国本是一脉相承的人类共同智慧。

传统木结构的构造技术都可以在“古为今用”的原则下进一步深化履新。对此,有很多切实的新课题可以借鉴老办法提供工程实际的研究。木结构不仅便于修缮更换,而且,由于木材天然的可弹缩性能,木构架构节的整体联结多为卯榫、穿插和斗口咬合,属于半固结半活铰的构造方式,具有可屈伸的适应性稳定功能。一旦遭遇震波的破坏性冲击,整个构架在外力的作用下,即使局部产生暂时的拉伸、扭曲、弯剪或挤压,但每个构节都能不同程度地忍受,并缓冲地逐点吸收地震力的能量,在柔韧的应变过程中保持结构整体依然可复归原状的功能,而不像钢筋混凝土结构那样,会呈脆性的破碎或断裂,甚至崩塌散架。

从对于震灾中所暴露的建筑遭遇损害情况的分析比较,我们还可以清楚地发现,靠一般砂浆砌筑的单层或低层砖混结构,不及木构架建筑那样既具有抵御垂直震波的功能,又具备应对水平震波破坏的抗力。因为垂直震波先将墙体水平方向的砂浆灰缝在上下颠簸中震开,也将屋盖系统及与梁柱间的连接震离,继而,水平震波再将上下开裂的墙体和屋盖呈左右滑移,而导致粉碎性的倒塌。但木构架上下左右整体拉结的主体构架能维持“墙破屋不垮”的状态,避免那种分崩离析的恶性灾难。

木构架在檐柱间封闭的构造层内,或如现代大空间中的那种组合斜柱支撑,也是有利于抵御水平地震力的有力措施。另外,传统木构立柱侧脚、环通建筑地面及檐部周匝等构造做法,都使木构架的整体稳定性能有效地抵御地震旋

---

① 张良皋:《匠学七说》第 33 页,中国建筑工业出版社,2002 年版。

② 中国国家博物馆编:《文物中国史》第 86 页,山西教育出版社,2003 年版。

转波的破坏力。这些,也都符合我们当今实施中的抗震规范原理。如今,我们应当明确的是:不管采用什么样的结构体系和形式,只要在构造原理上符合抗震规范要求,都是相对安全的;而一切构造不科学的建筑,不管外表如何“美丽”,都千万不可随意建造并投入使用;有条件的山区或农村,尤其是处在地震带上的房舍,宜优先建造木结构抗震建筑。汶川大地震的惨痛教训必须深刻记取。

在当代主流材料技术中,以钢筋混凝土结构及钢结构为代表的现代建筑,特别是公共建筑和高层建筑工程,是时代科技进步的标志和高功能社会的体现,但基本上都是高耗能材料的建构。时代的进步是必须高度肯定的,但在可以利用自然林木营建木结构建筑的条件和环境中,对于面广量大的建设,宜站在环境保护的国策高度,逐步创造条件,发展实际是真正高档的木构房舍,特别是民宅。“前人栽树,后人乘凉”,光前裕后的传统理念既是不容否定的,更是当代人应当感恩祖先,又感染后代的本分。因此,加大力度迅速发展现代化林业的大生产建设,这迟早将是人类持之以存的长远策略。

我国是一个多地震的国家,数千年来,不知遭受过多少次严重的震灾。据史料记载,历经数百年抗震考验的木结构建筑,就有三十多座。这些古建筑为我们留下宝贵的抗震经验和借鉴,如山西应县木塔,曾历经元、明两代以来多次大地震,却安然无恙,及至近代,在抗战的烽火中,67 米高的木塔频遭炮火轰击也未塌毁,至今已有 952 年,仍屹然挺立。而现存最古老的木结构建筑,山西五台山南禅寺大殿已逾千年。1976 年的唐山大地震后,国家组织的专家小组在对灾区进行的调研报告[①]中对受灾建筑的实例分析,肯定了木结构房屋的抗震性能,并提供了木结构构架的传统构造及具体的防震措施,还包括对建址地形的选择等经验教训。这些关系到居住安危的传统文化遗产,应当视为我们现实生活中“居安思危”的文明准则。

苏州地区是吴文化历史发展的中心,吴地的居住文明在中国住宅建筑史上占有突出的地位,独具特色的苏式民居,以其技术构造的安稳严密、精工考究,艺术风格的含蓄幽深和格调的雅致著称于世[②]。江南吴中地域,仅从地质考古

---

① 国家建委建研院建筑工程抗震调查组:《几类建筑震害的产生与改进措施》,《建筑学报》,1977 年第 1 期第 18 页。

② 俞绳方:《江苏苏州民居》。见陆元鼎主编:《中国民居建筑》(中卷)第 357 页,华南理工大学出版社,2003 年版。

的断层探测中，可知在远古曾有地貌的起伏运动和变迁。自从见于文献最早记载的隋开皇二十年，即公元600年至今，大大小小有感地震及受外地波及的震扰，有一百六十余次，其中最大震级为5.3级，虽然未遭特别严重的震灾，但这并不能排除曾经有过人畜伤亡及财屋损失，更不能掉以轻心，放松对不可避免的自然灾害之预防。不过，除了上述对于木结构建筑抗震性能的优势分析外，苏式民居的木结构立帖式框架系统，对震害的预防措施做得更为完善，如：屋盖与轩棚之间的草架支撑，既稳定了坡屋面的整体性，又利于保温和隔热；双层地板的扎实构造不但强化了整体构架对地震波的抗力，又保持上下层理想的隔声效果；室内隔墙采用木质板壁，既减轻了传给梁柱构架的荷重，又避免了实砌砖墙在震波作用下摇晃致塌的威胁；厚实的外墙围护体，下部实扁镶思砌，上部空斗填灰砌，生成冬暖夏凉的节能效果，比如今一般砖墙住宅的室温环境质量要好得多。而且，传统木构架是被包在外墙里面的，即使遇到震害，墙体一般向外倾塌，下部实砌墙基本不会内倾伤人。这些，本来是值得我们详细考察研究的传统居住文化的优越素质，但遗憾的是，如此珍贵的传统木结构遗产，在能够显示其构造精华的拆毁过程中，连“遗容”都来不及留下一幅，就被那些连节能问题都过不了关的“现代”工程成片成群地“开发”掉了，这究竟是怎样一回事呢？

本文提出吸取并利用传统木构建筑抗震优越性的目的，并不在于提倡建筑形式的复古，而是建议在自然灾情的启示下作出反思：木材和木结构建筑的抗震价值须要获得科学意义上的重视。木材资源的保护、建设与开发及其充分利用的工艺研究，均须在成熟的基础上实现时代创新。我们须要挖掘丰富的传统素材，借助时新的先进技术，脚踏实地地铺设通向理想生活的道路。

构成和谐世界的物质元素，拿传统文化的语言来说，宜是维持“五行”相生相克的平衡，保持木居其一的正常循环和有效利用。这样，至少能在自然灾害降临之时，将人类罹难的损失减小到最低的程度。

原载《传统文化研究》第16辑（2008年12月版）

道通天地有形外　思入风云变幻中

——江阴霞客大道景观设计阅读笔记

环境开发，道路先行。人类有幸，面临着大自然的慷慨恩赐，为强化自身的摄生能力，先祖们坚持数千年的勤奋求索，“筚路蓝缕，以启山林”，披荆斩棘，前赴后继，终于潜越心灵之门，开辟出通向理想境界的智慧捷径。自从那破天荒的首次成功的发现之旅开通至今，愈发深远宽广的康庄大道即已穿越时空万象，永无止境地朝向天上人间和未来世界无限延伸。因此，开发的起步，首先必然是方法、路径的选择。

道路，就其有形的物质工程构筑而言，堪为既定地域环境空间形态构成的基础框架。纵横四野的阡陌沟渠，遍布城镇的路桥河网，还有那些信息能源等功能管网的密集交织，恰似植物的枝干和叶脉，亦如人体的血管和经络，紧密地维系着每一个地区或城市机体的生命。从这个意义上说，道路即为实现开发目标而必须先行的现实保证。然而先行的首要性更从对其选择举措的深层次意义上凸显，“行成于思”，设计思想才是决定道路如何先行的观念基础，还是开发成功的智慧保证和策略前提。

江阴——长三角滨江南岸富有传统气质的港城，一座卓具典型特色与生命张力的城市。这里是万里长江入海口内侧的天然要塞，处在我国又一条南北新干线与长江的交汇点上，具备着水陆交通运输枢纽四通八达的优越条件；这里又是一片经济繁荣的开发热土，欣欣向荣，蒸蒸日上；这里还是文化教育事业高度发达的智慧故乡，历代名人贤士，精英辈出，既有文明当代的传奇式人物及其创造的“华西文明”，更有焕发着地方传统风范的“霞客精神”。由历史名人徐霞客及其优秀子孙们传承至今的“霞客精神”，承继着先贤们实事求是、坚韧不拔、锲而不舍和顽强进取的高贵素质。科学认知的实践，铸就了朴实真诚的城市灵魂。以徐霞客命名的“霞客大道”在江阴城市建设中的重要意义和地位，不言而喻。

科学规划的理念为优化城市形象的景观设计提供了广阔深邃的创作空间，为争取规划目标得以尽善尽美地实现，本设计率先从各项硬指标上，满足功能到位的含蓄配合，力求经得起专业规范的推敲，就道路的景观导向、视线走廊、对景层次、色彩韵律，直至人行道休闲区及路缘、边沟、车档、缆柱、照明、排水、安全设施等都提供了最基本的常规保证。现代道路的线型设计早有规范"路边带"幅度宽限的规定，建筑及景物尽可能退至红线后，能在不同程度上为道路景观争取有利的深度层次。道路的规划红线应取平直，但建筑物后退的控制红线虽由规划限定，仍得按基地的具体情况具体对待，不必一线牵齐，只要不越界就行，若建筑物一概"压红线"，会形成一堵呆板的"墙"。苏州工业园区的道路景观正由于在规划的路边带上根据各种建筑物基地的实际情况，有意留有沿街立面前区尽量后退的余地，才呈现层次丰富而视效宽松的舒畅效果，其对基地面积的使用效率，实际上并无影响，这是一条本来就可以成功的环境设计整体的经验。在霞客大道的沿街景观设计中也是按实际可能，作了与规划相应的配合。

设计观念中，习惯思维的定势往往会成为一种束缚，如今的环境创作意识对于图底关系的概念，已不再是过去房屋建筑学所认定的那种平、立面图静态的排开状态，即背景衬托着建筑物。多维空间的实相动态尚须在持续的视点位移轨迹上，将"步移景异"的变化过程所显示的动态构图，保持在完美的视野里。进而，艺术地调控好景物在不同角度、朝向上的藏露关系，将影响视觉舒适感的天然缺陷及不和谐状态，用多种方式巧妙而不露声色地修饰或掩障，以实现视野保护，而尽显既成的美景或亮点。道路景观对于行进在道路中移动着的观赏点，其不同角度、速度对于不同景物的景深、层次，在运动状态下的感受程度、印象深度及对景观美所能体现的动态视效各异。因此，在满足舒适感、顺畅感、整体与丰富感的同时，设计尚宜概括地围绕着一个景观性格的主题，向纵深开掘。

"城市是一本打开的书，从中可以看到人们的目标与抱负，知道他们在文化上追求的是什么……"[①]本工程的设计师们正是认真地研读了由规划设计所提示而导入的江阴这本"书"，深度感知创作对象的主人——江阴广大市民生活道

① 伊里尔·沙里宁:《城市：它的发展、衰败与未来》第23页，顾启源译，中国建筑工业出版社，1986版。

路上的追求，设身处地地潜入他们性格心理的切实体验，然后，再落实到环境对象的性格特征。其实，艺术创作的构思前提正是从对于创作对象性格欲望的认识和理解开始的。在这个基础上，当介入工程实践时，就能围绕着设计、施工，而又配合材料、装备及其各相关专业，从彼此间复杂交叉着的矛盾结节着手，让景观建设自始至终积极运行在这适应与协调的过程中。因为，景观是关系到整个项目系统工程终端的形象环节，是实现共同追求完善"出彩"之和谐效果的关键。对各方矛盾的交叉结节进行顺理饬整的全过程，这是一个不厌其烦地化解千头万绪的艰难程序，经历这一关的考验，才能体会"大功告成"这句话是多么的来之不易！而这种涵养的秉持，正是对霞客先生他老人家"岂惮往复之烦"这一警语深度感化的修炼正果。

景观建设的目的，不唯美化视觉环境，而更在于发现实在之真、化解失实之谜、排除不实之弊、追求务实之美、谋求生存环境的优化。霞客先生当年身体力行，怀着"不入虎穴，焉得虎子"的勇气，亲自探危洞、攀悬崖、闯险境，他坚持科学真理，勇于质疑、挑战权威的大无畏精神及明辨是非的责任感，对于我们当代人，是颇能触及一点灵魂的。本设计曾下定决心，不随波逐流、急于求成，不去挖掘内地父老乡亲祖植的一棵树木，不去影响山区同胞水土保持的命根子，深信生机盎然的乡土福地一定能够培育生成属于我们自己的茂林仙境。

在工程设计过程中，偶尔遇到对于时尚与传统经验的研讨，其中常有关于观察方法的体验对设计创作可能产生的某种启示和艺术联想，我们读到徐霞客在游记中有一段平实然而又是精彩的描述，感悟甚深："……东西峰连壁陨，翠蜚丹流。其盘空环映者，皆石也，而石又皆树；石之色一也，而神理又各分妍；树之色不一也，而错综又成合锦。石得树而嵯峨倾嵌者，幕以藻绘而愈奇；树得石而平铺到蟠者，缘以突兀而尤古。"真是一幅浑然天成的树石小品！在这里，由观察者看来，山树浑然一体，树似巍然擎天石柱，石似有生命的树石，两者不因属类而各自分别孤立，却是相依为命，既将景物的势态情趣性格化地激活，又将人格意志强劲地屹然物化，成为一尊情态生动的自然雕塑，这情景交融的境界乃是景观艺术所应追求的生态极致。情感是艺术的灵魂，而特色则是创作的生命，只有在观察中意识到，并且有感而发，才能通过设计作品深深地激励和感染人。这种观察、消化、理解自然情态的过程，为我们提供了认识艺术世界高深的角度与方法。

秉持着文明传承的性格主题，去营造一种地方风格不朽的特色。设计在对大道入口处“迎客门”的处理中，全力排除概念化地套取传统做法的陈旧牌坊程式，以坚挺的时代造型与当代材料，以沉着的冷灰调子与简约的“云雷”纹元素，既表现出一种朴素、清廉的坚韧气概，又形象地示明在时代的历程中，每有创新之门标志着当代特具的进步（见图1）。在处于须要掩障或诱导视线转向的功能点位，恰如其分地设置一堵能浓厚显示地方特色，而又具变化新意的乌瓦粉墙式砖细小品，让拂墙花影自在挥洒在这片洁白层叠的历史屏幕上，也让人们从阴晴晨暮流变着的时光投影中，透视出为婆娑树影摇曳着的过去烟云和未来风光。幽雅沉稳的造型语言，似乎在叙说这当代环境文明和谐的新鲜故事（见图2），在须要阻隔的位置，则采用了传统美学有关“隔而不绝，虚而可筛”的手法，框取理想景物，即在掩障的同时有目的地摄取层次中可望而不可即的美景（见图3）。在处于对景位置的广阔立面，设计突出对历史人物的观瞻空间，将毛泽东对徐霞客仰慕之情的赞语亮相，真实地显示出人格理想的心声共鸣，也高度表现历代文明一脉相承的生命活力，鼓舞着我们为争取进步和富强的奋斗意志（见图4）。设计还在与道路相邻的低洼水岸地带，将保护良好的生态湿地的实境纳入景观视野（见图5）。也将徐霞客当年探险云贵的地方风物，恰当地组织在道侧宽远的优美田野，隐喻生态之路通向遥远的未来（见图6）。人类只有保护好生态环境，才能让徐霞客到我们及我们的后代，对文明之路的传承与探索永无止境。

图1

图2

图 3

图 4

图 5

图 6

如今,在历史名贤徐霞客的故乡江阴——他那伟大开发事业的启程点上——铺设起的这条纪念性的现代大道,象征着伟人在将近四个世纪前所经历的那次宏伟的"万里遐征",这段征程是他对自然、社会、人生和事业的探索、观察和认识之路,也正是当代所有从事景观设计的环境艺术家们发展进步的必由之路,这条由先辈们开创的文明进化之路,须由我们继续开拓延伸。每一代人都曾经或正在精心打造传统与时尚文化之间承前启后的那一圈属于当代之环。"道通天地有形外,思入风云变幻中。"那有形的物质成就、业绩、名利等都是历史长河中被自然或生物的引力所掀起的迷人浪花,这在后现代思想家怀特海的"过程哲学"中,仅视为生命的"客体",而人的奋斗、奉献和心机的智慧应变过程,才是应对着自然风云无限循环演变中,人类真正主宰自身命运之不朽的生命主体。

"伟大的艺术就是处理环境。"①景观建设为维护和谐境界的持续繁荣,创造有韵律的秩序,给人们提供理想的生存环境,但人类生活的领域是相当复杂的,特别是隐伏着生态与精神危机的现代,人们不但需要安稳的物质环境,也更须要拥有一个宁静的心灵世界,这样才能得以自控。无数历史与现实表明,那脆弱的物质环境,瞬间便有消失的可能。把握住物质形象荣华的面层,又能深入智慧的基层和核心,巩固和发展人道机能的潜在活力,把握现实生活,这在徐霞客所处的时代无疑受到历史的局限,这也是他的未竟事业,需要我们在新的时代条件下艰难地深化。这个任重道远的历史责任,应由我们如屈原在《离骚》中所感叹的"路漫漫其修远兮,吾将上下而求索"了。

参考书目:

建设部住宅产业化促进中心编:《居住与环境景观设计导则》,中国建筑工业出版社,2006年版。

美国土木工程师协会公路分会铁路设计几何与美术委员会编著:《实用公路美学》,交通部第一公路勘察设计院译,人民交通出版社,1981年版。

[明]徐弘祖:《徐霞客游记》,褚绍唐、吴应寿整理,上海古籍出版社,2007年版。

任平:《时尚与冲突——城市文化结构与功能新论》,东南大学出版社,2000年版。

2009年8月写于中景景观设计公司(本文设计图片等由晏文兵总经理提供)

---

① A. N. 怀特海:《科学与近代世界》第193页,何钦译,商务印书馆,1989年版。

低碳经济呼唤建筑业经营策略的理性回归

——应民盟江苏省委"低碳城市发展论坛"征文稿

"温室效应"的日益加剧已经波及每时每刻影响着我们的气候。二氧化碳、甲烷等温室气体大幅度增加,日积月累超量排放所造成的危害严重影响着我们赖以生存的环境。诚然,现代工业、交通和建筑等产业高速发展的经济增长给人们带来巨大的利益,然而,工业化发展所导致生态环境的恶化,是人类共同面临的问题。严峻的形势敦促粗放型的建筑业经营,必须向科学发展的生态模式进步转型。因为前者所付出的代价是惨重的,而且是潜移默化的,就像浸沐于温水锅中享受着温暖的青蛙,当其随着升温顿觉致命的威胁行将来临时,却已丧失了自救的本能,而急欲逃避遭受烹煮之灾,则为时已晚。经济学家早就明白地告诫人们:经济增长的收益与增长的代价并存,但两者只有在同一层次上并属于同一性质的前提下才能权衡得失。增长的收益应使当代人与后代人共同受惠,而增长的代价极有可能是消耗了不可再生资源,并使环境受到无法弥补的损害,甚至会殃及下一代的生存。因此,"经济增长的收益与经济增长的代价是不可能轻易地用得失冲销或利弊相抵的方式来衡量的"①。总之,经济要发展,但绝不能以牺牲生态环境和不可再生资源以及人类根本利益为代价。

当今时代,科学发展观主导下的国民经济升级转型,正围绕着可持续发展的深化策略全面展开:为着社会和民众谋求福祉而创造尽善尽美又丰裕的物质环境,理性地制约那种得不偿失的愚昧泛滥成灾。低碳经济的建设涉及全社会每一个人的事业、生产与生活方式,因此,低碳减排的举措实际是一场人人有责的当代新生活运动。要实现到2020年单位GDP二氧化碳排放比2005年下降40%至45%的减排目标,乃是一项艰巨的任务。为了国家、民族、后代和自己切身的利益,不论职业、身份、性别和年龄,每个人应当坚持随时随地从自我做起。

---

① 厉以宁:《〈生态文化丛书〉序言》,陕西人民出版社,2000年版。

在国民经济产业结构中，建筑业作为支柱产业，属于产业链上举足轻重的一环，而且还是关系到能源消耗、温室气体排放和高碳成本建材消费的特大用户。往常，在对于每项工程建设投入与产出的经济分析中，鲜见对于耗能与温室气体排放负面价值的评估。特别是在城市化过程中，面广量大的城镇建设如雨后春笋铺天盖地而来。一方面，从城镇周边呈“摊大饼”式的趋势向周围扩展，免不了“漫掩”许多肥沃的农田；另一方面，对原有老城镇又大拆大建，重复筑造质量颇有争议但耗资不菲的“现代化”形象工程。在调研中，我们还可以幸运地发现，有部分老建筑，或者是因为具有文物保护价值而必须保留，或者是因体量庞大且开发价值不高而暂且闲置空关，孤弃一隅。这类停止使用而仍然处在结构的设计使用年限之内的建筑物，在其有效的生命周期中，却不能发挥正常的使用功能，实在是非常可惜的事。建筑，是人的意志的物化，相当于建筑师、建造师们精心培育的一个孩子，其构架、形态和功能寄寓着人的理念所凝结成的富有潜在情感活力的生命体。它既是人类意识和精神的载体，那就折射着人在创造过程中所赋予的品格和尊严。如果说那种任意摧残人造文明的遗憾，即任意中断建筑的寿命那种行为，仅仅意味着对物质静态的浪费，那还可容纠正；然而问题是该类建筑在规划、设计和施工的投入中，曾经消耗大量综合的能源，其中同样还应包括如今低碳经济概念上的代价指标，即碳排放等温室气体在大气成分中占有的增生危害，那真是得不偿失的典型了。按最简单的估算，一幢成活百年的建筑与使用了仅十年就被拆除的短命建筑相比，前者在建设环节上的温室气体排放要比后者低碳十倍。这里还不计算拆除过程中的能耗与碳排放。因此，理应充分发挥建筑使用全寿命期内的功能，甚至发挥“延年益寿”的功能。“人尽其才，物尽其用”，这个“少费多用”的原则不仅有利于可持续发展，而且同样有利于环境保护。至于目前流行着的大拆大建的风气，实际是传统习惯中的封建意识“当代中心主义”陈旧观念在新时代的惯性表现，并不能作为当今现代化建设的深谋远略。历史科学的事实证明，延绵不断的文化是交替穿插着演进而来的，正如纤维连续交错渐接绞合才能拧成无限长度的绳索，大拆大建就像一刀切的逐段撮合，将过程的接续点截然集中在恰恰是关键构造的薄弱点上，这样就必然会造成难以为继的断裂，这已经不是发展的纽带，而是文化消亡的结构原因了。必须深刻检视属于建筑行业传统习惯的章法，行动起来，从各个切实可行的相关角度，认真制定并有效落实低碳建筑经济长远发展的经营策略。

改革开放以来,国家对产业结构现代化发展的策划重组紧密结合着新的城市总体规划协调进行,对于地处苏州城市主干道与市河交汇处的传统企业进行改组是一项复杂的工作。两年前,现苏州规划设计院顾柏男院长曾对前苏纶纺织厂改制转让的地块进行了一次复兴规划的可行性研究,通过专家论证,为该地处南门商业圈的“苏纶场”城市综合体作了全面整体的规划。其中,对该厂建于1979年的“新一纺车间”3.3万平方米的三层全框架钢筋混凝土结构厂房进行安全鉴定,然后归理整饬成28 527平方米的主体大楼进行加固修复和改造。改建工程对东、西两端及纵向沿柱间作型钢剪刀支撑加固;对结构主体梁、柱、板受损薄弱部位,投入800多万资金,采用具备轻质高强、耐水、耐温差、耐腐蚀和磨损,且有抗震性能的碳纤维增强水泥新技术强化。这项工程于今年年初完成(见图)。三层厂房被改造成面积32 638.76平方米,层高7米余的三层大空间民用建筑,当即为“家乐福”公司租设为大型超市开放使用。改建后的设计使用年限为40年。改建工程总共耗资各方统计不一(可能是计算工程范围各不相同的原因),不过这些数据与30年前初建时没有同比性,而且与本文主题所追求的低碳指标并无直接关系,因为碳排放代价与投入资金不是一回事。只是有一点可以肯定,那就是投资、工程、租营和市民群众都面露喜色,没想到这一改造工程利用“前人栽树”的优势,既实现了低碳排放、改善环境的善举,还让包括后人在内的几代人共同享受真正的实惠,而且这种实惠是与时俱增的。从这个意义上说,环境质量真正是“清风明月本无价”的无价之宝了,值得世人好好珍惜!

低碳经济提示我们,对于建筑业须有一个正本清源的理性回归,建筑事业的正常经营不仅是设计营造新房子,而且要有能力修缮整治古老的、残缺的、危险的、病态的房子,并将其恢复成为健康的房子。因为建筑跟人一样,须要在全

寿命的始终受到治疗和保养的关怀。建筑的绝对价值是受用的效率,在结构使用年限期间实现充分的持续利用。这是建筑经济领域中的一项具有很大潜力的资源开发学术课题。该课题研究在当今国际上几乎已成为时尚热门的开发项目,为什么我们经常会采取主动放弃的态度?是利益问题,还是技术问题,或是经营策略问题呢?这是值得我们提到哲学的智慧高度去深深思索的。

上述案例仅可针对众多闲置着,但仍具生命活力的既有建筑。若能如常发挥其全寿命期内有效利用的尽至价值,则既可节约投资,又可防止在重新建设环节再度加剧耗能所导致的更多碳排放的危害。这一实验性的尝试具有相当潜力可挖。为实现城市科学低碳建设开辟一条长远的道路,并可持续地切实践行,还是一个须要深入开拓研究的领域。

至此,回忆起德高望重的科学界前辈钱学森曾经为建筑业提示过的两件事。他说:“关系到21世纪我国建筑事业的,我们现在就该动手,不然就晚了,会误事。第一件事是发展工业化的建筑体系……第二件事是构建园林式的城市。”①这两句朴实的话所提及的两件切实的事,在今天看来,实在是极其富有远见卓识而意味深长的殷切告诫。

提起工业化的建筑体系,就涉及关于系统工程立体发展的新概念。现代工程应是一个完善的整体系统,即能与不同现实环境相适应的,满足各类最新功能需求的,采用多种相对合适与先进材料和构造技术,且安全高效的成套标准化生产及其应用体系。对于建筑业,就得首先“发展建筑的构配件和制品的专业化、社会化生产”②。现代化建设要求“把传统的工程观转变成为全新的工程系统观,将工程活动建立在符合自然、社会和科学规律的基础上,遵循资源节约、环境友好及社会和谐的要求和准则,保持人与自然、社会协调发展,节约资源能源,保护生态环境,促进社会进步,提高综合效能”③。

发展必然会消耗资源,问题在于对待资源的利用环节上,如何把握对自然资源的控制性珍惜取用,并积极保持其再生性增产与消费的平衡。无疑,对不可再生性资源,必须严格采取绝对有效的保护;而对可再生资源,则须要在合理消费的同时,有计划地扩大再生产。比如我们既要吃饭,又得及时种植粮食,不然,就会闹饥荒。木材亦然,由于人为的历史原因,即盲目滥伐森林资源,造成

---

① 钱学森:《为了2000年,我想到的两件事》,《新建筑》,1985年第1期第5页。

② 同上。

③ 汪应洛:《工程系统观》。见《工程与哲学》(第一卷)第55页,北京理工大学出版社,2007年版。

木材资源紧缺。相对于粮食而言,由于树木的栽培与生长周期较长,针对这种情况,本该刻不容缓地加紧大规模植树造林,展开与建筑及其他相关行业那样同步发展的林业大生产建设才行。因为森林资源兼具维持环境的生态循环及保持树木再生性定量成材,以供有节制消长的双重功能。从原始人的“构木为巢”到后来逐渐成为人类营构建筑主体的“土木之功”①,木材的优越性功不可没,至于防火功能,木材也可如同钢材那样采取有效的阻燃措施。在自然界丰富多彩的现实环境中,物质及其性状并非单纯静止地孤立存在,人类的进步在于尽善尽美地发挥支配物质元素的化合或分解,然后巧施应用的智慧。在现代工程完善的多元整体系统中,每一个子系统均应秉持与环境特征相应的有机生成关系。建筑既然历来有“土木之功”之誉,但在日新月异的科技进步条件下,对各类新材料进行开发研究,仍不宜淡忘了传统文化关于“五行”基本元素②全面依存规律的生态认知。近百年来,“以钢代木”、“以塑代木”等为节约木材耗费而推行的措施,仅是为应付木材一时短缺的权宜之计,代用并不等于舍弃。实际上,在新的应用条件下,通过对基本素材科学的构造组合与功能环节的协同制衡,可以实现建筑构配件产品的全面优化。当代世界不乏综合利用本土资源,廉价投入低碳成本,智能创造复合构件的成功实例,如北欧建筑师设计的各类大跨度新型钢木结构工程,均可供我们从借鉴中获得低碳理念的启发。

建筑营构的学问,说到底,无非是将合适的材料采用合理的技术,运筹布置在适宜的时空。保持因地制宜,就地取材的地域特色,营造朴实的本真,这才是科学发展观的真实体现。

近几年来,多次大地震的灾情表明:天灾固然难免,但人们主动规避的积极防备才是最重要的。一些震灾频发的地区,有的原本是林木茂盛之乡,此类地区本应堪为典型的木结构生态建筑标准的特色成就区③,然而,遗憾的是人们不仅在建筑的选材方面忽视,甚至放弃了对自然林木的栽培和利用,让众多非抗震结构及不成体系的混凝土构件房舍在震害中分崩离析,导致惨烈的人员伤亡;而且,有些地方还让祖传庇荫家业的栋梁之材以廉价让城市开发商连根挖

---

① 梁思成:《中国古代建筑史六稿绪论》。见中国建筑学会建筑与历史学术委员会主编《建筑历史与理论》(第一卷)第1页,江苏人民出版社,1981年版。

② “五行”,指金、木、水、土、火五种物质的“相生相胜”,互促互斥的物质循环。见《辞海》上卷第69页,上海辞书出版社,1979年版。

③ 陆觉:《传统木结构建筑的抗震价值》。见苏州市传统文化研究会主编《传统文化研究》第16辑第183-190页,群言出版社,2008年版。

去，充当假“景观”。这样，又造成生态环境的恶化及家乡广大山区正常地貌结构性的水土流失，于是，随之而来的便是“雪上加霜”的旱涝灾难。

人贵有自知之明，从痛定思痛中触发一丝领悟：我们对钱学森26年前所提示的第一件事，对于“建筑工业化体系”中的“体系”一词认识肤浅，“体系”实际包含着物质系统整体完善的科学结构，其中的材料既不排除木材，也不局限于砖石和混凝土。是哲理的贫困造成基本概念的失误。如今，因碳排放超量、温室效应加剧导致气候变暖的异常情势日趋严重，在灾情四起的困惑中才萌生忧虑，在震惊和反思中顿然省悟：只有生长中的树木才能以“零能耗”的自然过程有效吸收空气中的二氧化碳，以改善环境和人居健康条件。树木是我们生活在天下地上的人类最好的朋友，树林持续不断地平衡着温室气体碳氧成分的最佳适度，维持着人类生存的稳定、健康和安宁。在地球上有生命的物种谱系中，森林先于人类。有树木的旺盛，才有人类的繁荣昌盛，关键是人的进步须要靠自己的觉悟和奋斗精神。

被誉为全国农村优秀人才的陕西农妇牛玉琴为人们树起一个光辉的榜样：就在26年前，与钱老为建筑业提示两件事的同一年起，她就带动全体村民艰苦奋斗至今，截至去年就栽树2 500万株，竟逼退沙漠10千米，将11万亩荒漠改造成鸟语花香的林海绿洲。她以发展林业生产的成果办学建校，为村民通电、引自来水、装置电话，不仅改善困难户的居住条件，还铺路修渠，坚持带领群众走共同富裕的道路。这个脱贫致富的人间奇迹告诉我们：自己的力量及脚下的乡土就是发展的资源，而森林正是人们急需依靠的自然力量，也是我们维护生命健康的生态环境，发展低碳经济所必须依靠的力量。钱老所提示的第二件事，实际上，开拓环保事业的先驱者牛玉琴当今不断优化中的成就已经形成园林式城乡的基本网络了，这“水到渠成”的低碳环境素质所创造的后续条件也许可以成为未来园林式城镇建设的楷模。

在国民经济中占着举足轻重地位的建筑业，乃至所有为神圣的建设事业奔忙着的建筑人，具备着不比处在穷乡僻壤的农妇更差的基础条件。建筑业又是为人类创造健康生活及和谐社会的舞台，我们是否应当在欲望与信念的利害关系之间找准一个科学的制衡点，制定行业长效稳定的经营策略，包括对生态建材的综合研究和开发，通过低碳建设复归洁净世界的理性途径，实现经济的持续发展？

2010年5月20日

养天地之正气　育景观以生机

——巢湖“活水靓城”景观设计述要

标志着时代发展趋势的城市化进程，正呈风起云涌之势席卷经济腾飞中的神州大地。“城市化”是西方工业文明的产物，是凝聚社会物质与精神财富的体现；人口的“城市化”规模水平，被视为社会现代化的指标，这种现代都市模式正风靡全球。工业城市（或者名为新的“开发区”）迅速崛起，并飞快扩张，在其工业化成就日益获得巨大经济增长的同时，高速发展与资源环境的承载力、人与自然的矛盾也随之日益凸显。工业文明造就的人类困境，暴露出越来越严重的弊端。以高经济密度和高人口密度为特征的城市聚集成环境问题的焦点：人口猛增、用地紧张、住房困难、交通拥挤、资源消耗量增加，城市及其周边环境正在承受经济与人口越来越大的双重压力；城市基础设施尚无法满足大幅度递增着的紧迫需要，于是，城市的环境污染已成为当今世界亟须解决的重大问题，因为它正在威胁着当代人，甚至后代的健康和生存安全。

在当今非常严峻的情势下，受世界潮流波及的中国，为了实现社会经济及国民生活的现代化，正以东方文化“天人合一”的理性智慧，践行“城乡一体化”的生态策略，秉持着城乡环境协调发展的科学认知，将过于旺盛的人气与自然环境的天地正气调理平衡，稳掌其发展洪流中须要切实把握的和谐秩序。

本文以巢湖城市周边水环境为主题的景观设计实践，通过对区域环境的考察调研，发现巢湖流域的自然、地理、物候与纬度等环境元素，具备着与江南东太湖流域极为相似的条件。这里卓具丰富的生态优势可供充分利用，只需对既有原真的“天生丽质”进行一番维护性的梳理，不事“浓妆艳抹”而稍作“淡妆素敷”，甚至凭其清纯的本色，即可融入时尚，焕发现代精神。这也是本工程原创的设计概念对场所空间的基本分析。在与地方规划部门的接触中，我们充分意会到当地民众谋求彰显城乡现代化精神形象的迫切心情，同时也感知到他们与相邻地域竞相攀比，不甘落后的意向，但从设计的角度着眼，跟风逐流，其实是适得其反的事，而只有保持与众不同的独具特色，才能获得广泛普遍而鲜明的好感、认同与支持。在这一点上，彼此经过分析交流而取得了共识。

根据城市总体规划及固有地貌基本的形态结构，以由水流环抱着的水陆边缘沿线作为纽带，可展开对景观基调的系统组织。但是，在这里，“水”这个“角色”并不只是要求它直接高调地表现自身，而是须要以其澈澄、洁净的灵气，通过其透明的“镜面”映现出地面、天空等所有被水融和、概括和柔化了的实物虚像，活生生地化入处在那不同时间和气候氛围内变幻无穷的诗意境界中。这是景观设计及所有追求环境美感的人们所希冀呈现的美景。然而，我们如果假设，在这种完善的空间构图中，那水体竟是浑浊不堪、污染发臭，并且飘浮着肮脏垃圾，那么环境周边再怎么漂亮，也是十分遗憾的事。所以，水景的靓丽必须是建立在水利科学的基础工程之上的，这就要求我们首先要为景观中的流动着清澈的“活水”创造条件。那么，疏通河道、调整河床结构，清淤、排污、引流，做好经常性的河渠整治，包括对水质的净化和利用工程，这对于发展经济、改善生活、畅通航运和景观建设，都是十分重要的前提。

本设计“活水靓城”景观系列工程是紧密配合着巢湖城市的现代化经济建设、市政市容的科学整治与旅游文化等社会文明以及可持续发展的进一步提升而展开的当代工程实务。这是一项比较连贯的系统工程，将按城市总体规划定点布局中的统一部署，然后分期相应实施。其具体的项目有环城河景观设计、西环河景观照明工程设计、西圣塘音乐喷泉及水秀表演工程设计、健康路桥至西圣宫桥桥下木栈道设计、水厂及水场码头景观设计、祥巴街桥堍河畔设计、天河西岸广场景观设计、沿河驳岸及坡岸标准构造设计及景观小品、滨河绿化、各式照明灯具系列详图的专项设计等。此外可能还有应随需要而提供参考，或作为备用补缺的建议方案，如已经发现的古城墙遗迹复原等旅游文化资源的发掘建议等。所有这些，有的还正在紧张的施工过程中。至于设计的效果，则还取决于施工深度及后续的管理力度，有关资料将另行整理发表。

对景观植栽的品种选择，设计首先考虑的是顺其自然的原则，重视地方的生态规律所适应的天然种群；同时也注意到对某些敏感植物的利用，比如水生植物凤眼莲对污水含砷量的感染信息预警等均在分项工程设计的细节中详尽布置。

总之，景观设计应超越单纯地表现外表形象的视感层面，因为景观是散发着自然信息的生态实体真情实景之观照，它焕发着富有活力的生命机能，且依然还是蕴含着自然情态的真山真水，只是景观创作艺术地融入了人对自然理想化的感情意念而已。人只能创造一个自主的人际境界，但毕竟不可能创造一个自然世界。是天地养育了人，人类应护持好天地所赋予我们赖以生存的机遇和环境。从这个意义上说，“城市化”不如“城乡一体化”的提法来得科学而且确切。城市和乡村本是一个不可分割的整体环境，城市源自特定地理条件处的某个乡镇经济发展的结果，彼此是相互依存的关系，这是须要明确的概念。“城市化”这个词汇省略了一个作为构成完整词组的主体前提，其全称应为“乡镇城市化”，或者称为“城市化的乡镇”，这里并不是在咬文嚼字，因为概念不清而误入盲区的教训从来是不作为奇的。实际上现在已经出现某种迹象了。“城市化”显然不可能是将每个乡镇和村落统一向城市看齐的造城运动。我们国家倡导“城乡一体化”，其真诚的目的是在现代化的进程中，消除由旧社会遗留而来的不平等的城乡差别，实现城乡公民权益和义务的一体化，在体现劳动价值与社会保障待遇的相对平衡后，更大限度地解放社会生产力，充分发挥人民群众的积极性与凝聚力，以实现生活质量的逐步提高。而所谓消除不应有的城乡差别，则是指合理地化解由于地区发展不平衡而产生的异同，包括城乡之间环境状态的取长补短、不同条件的互通有无，实现异中有同，和而不同。人们似乎应当正视现实，回顾城市的由来，了解城市化的乡村和田园化的城市，思考该如何在发展中共同严格地制止环境的污染在城乡之间蔓延或扩散，以维护环境的景观特色。养天地之正气，育景观以生机，建设欣欣向荣的和谐社会。

借着在巢湖景观工程设计思考中的体会，聊以表明一个普通的本土建筑师对生态环境的保护所怀有深切的关注和忧虑。当然，随着改革开放的逐步深入，城乡发展的前景将越来越好。

2011 年 3 月 22 日写于苏州盘门景区中景设计公司

大爱无声　大地至恩

——从敬奉社稷的传统文明感悟对土地生态的当代关切

我们栖居的地球是一颗得天独厚的幸运之星。就人类至今对宇宙既有的认识可知，这个星球上拥有着无比完美的自然条件：相对适宜的气候；可供一切生灵安居、生息和繁衍的环境；能满足人类解决衣食住行之需的丰富资源；等等。而使所有这些优越条件能实现充分利用，并得以发展进步的基础平台，则就是承载着我们日常生活的那片坚实敦厚且潜能无穷的广阔大地。“地者，万物之本原，诸生之根菀也。”①是土地亲切地护持着众生的命根子，让一切生灵依地而居，伏土而生。大地是人类赖以生存的摇篮，被喻为人类慈祥而恩德无量的母亲。数千年来，我们勤劳的祖先在与农时紧密相关的生产实践中，为实现大地丰收的理想而萌生出祈求神灵庇佑的殷切愿望，他们通过虔诚膜拜的祭祀礼仪，敬奉土、谷为神灵的社稷之尊，以感恩报德的至诚信念，将朴实真挚的精神寄托于终年辛劳不息的耕耘，因勤勉劳作，持久奉行而蔚然成风；肩负起世代相继传承的责任，以认真执着，习以为常地守护良田，珍惜土地而规范成俗。从而在漫长的奋斗历程中，顽强地战胜艰难困苦，维持着中华文明“国泰民安”持续至今的和谐盛世。

历经漫长的历史发展进程，传统观念中的“社稷”意识在国风民俗与生活方式的长期影响下，成为传统文化遗产的一部分。民俗，是一种社会文化现象，每一种习俗都有它产生的社会基础和思想文化根源。当某一种习俗一经形成，便具有一定的约束力，使生活在其中的人不能不随俗而行。民俗同时也属于某一历史范畴，它既有比较稳定的传承性，又处于不断的变化中。因此，每一个时代，除了传承有一般的习俗惯制以外，还凸显着与传统一脉相承的本时代新的

① 《管子·水地》。

机能。如果实事求是地以历史分析的方法，将其放进现实环境中进行考察，分别对照各传统民俗文化在不同时代、环境等背景下是否具有相对积极或进步的意义，就可以鉴别是非。而重要的是必须探究到该民俗原来初衷的理念或意愿的深层，以此作为研究的出发点。移风易俗，即保留良俗，复原其传统生命中的精髓与活力，为民造福；淘汰陋俗，肃清封建余毒，或经改造利用，转化其消极成分，从而教育大众，甚至启发创新。

如今，传统观念中的"社稷"意识早已从古代由保障生存命脉的原始理念，化为敬崇国土家园的感悟，且进一步提升到维系着全民族立身处世的立国之本，即国家整体利益的神圣高度。这是中华文明在人类社会历史上率先取得的最早觉悟。这条一脉相承地贯穿着强劲活力的"龙筋"堪为中国传统文化之精髓，是光耀环球时空，昭示人类发展前程，并勉励炎黄子孙奉献人类文明大业的民族魂。

迅猛发展进步中的现代中国，正经历着历来最伟大的变革，经济建设的大潮汹涌澎湃，席卷而来，以致我们未及对丰富的历史遗产进行详尽的清理，就有被冲击的可能。民族遗产中残存的封建糟粕虽然本是不屑一顾的垃圾，弃之无憾，然而，埋藏在辽阔大地上下的国土资源则是绝不容许受到任何侵害的，如同祖国文明的尊严不容遭遇亵渎。本文所述及的国土资源专指古往今来传承一统之"社稷"意义上的国家利益，我们共同关心的主题。

婴儿出生，呱呱落地，人来到这个世界，迎接他的是母亲和土地。每一个人都热爱祖国大地，特别是家乡。"安土敦乎仁，故能爱"①，长大了，要发展，一般总是立足于本土，以敦厚仁德之心，开辟家乡的事业，即使是离乡背井，去异地谋生创业奋斗，待到事业有成，也会衣锦回乡，报效祖国、故乡，报答先辈的养育之恩。现代人显然已不必要高筑社稷台，兴建土地庙，供奉神灵，但是，对祖国大地和乡土的感恩之情必然挥之不去而终生怀念在心。现代化建设中，故土家乡每有博物馆开放着特色浓厚的乡土历史文物陈列，纪念先辈列祖、传世英豪的光辉业绩，为乡亲族人和子孙后代树立榜样，提示光前裕后的传统责任，激发他们创建伟业的热情。这种凝铸于家乡山水土地和人间的情结是恒久不变的传统精神，须要以土地为载体世世代代流传下去，发扬光大。

这些年来，人们趁着国家大规模经济建设的大好机遇，利用土地的慷慨恩

---

① 《周易·系辞上》。

赐,取得空前的成功。但我们不能忘记祖辈们为开拓国土,先烈们为捍卫国土所付出的血汗甚至生命的代价。因此,关注土地,呵护环境这一责任就显得更为重大。传统一贯至今的社稷利益永远是我们及子孙万代的命根子,大地的生态价值弥足珍贵。在如今亿万人民忙于开发和建设的大潮中,应同时为可持续发展创造条件,更多地关注大地,包括陆地的领土,水域的领海、海(河)床及其底土的安全和生态利益,这是我们建设事业不容忽视的重中之重。为了适应当前发展形势的紧迫之需,即使有千头万绪的工作任务,也得有条不紊地进行。传统观念中"凡事预则立"的经验就显得特别重要。前联合国秘书长安南曾有"反应文化"及"预防文化"的提法,即与我们防火消灾策略所称的"以防为主,防消结合"的意思同理,有备才能无患,周密的提防可以避免不可弥补的损失。我们只有谦恭地聆受大地的恩赐,知足领情,不负社稷传统一贯的深情厚爱,至少应怀有难偿所愿的愧疚之心,严格自律,理智地制约任何忘乎所以的偏激与迷误。至于处在经济建设发展转型升级关键形势下的开发者们,似乎须要保持比热情更不可缺少的宁静。站在历史的高度审视,当代是加速提升中举足轻重的时段。确实,速度对于我们国家来说,是慢不起,也慢不得,然而,无论是在怎么样的动势下,都万万不能放松对基础事业始终同步的持续关注、治理、加固和强化。否则就不可能取得平衡、稳定的持续发展。那是已有现实的世象和传统的史实可鉴的。

科学界前辈钱学森先生生前曾对温家宝总理着重汇报过他对地理环境的关切,引起温总理的高度重视①。新中国成立以来,从中央到地方,对基建项目开发的审批、可行性研究以及专家论证等程序的控制是非常严格的。由于改革开放的形势所需,投资环境、物质与技术条件的普遍改善与提高,建设工程纷纷上马,加上城市化进程的加快,到处是一派热气腾腾的景象,史无前例的建设热潮,使大地的承受能力不堪重负。在取得所有伟大成就的同时,人们都坚信各路媒体和主管部门对混迹于建筑市场中的违禁建设行为所作的揭露性报道和行政处理,都是及时的。其中包括污染生态环境、毒化耕地、滥伐山林、浪费资源、破坏地质结构以致引发各类灾难、影响地面景观和安全等情节,而归纳起来,这些都是属于虐待土地的罪行。而且,事态尚没有至此结束。我们通常总以为,近几年以来频现的"极端气候",反常规的气象变化是天体所造成,其实,

① 温家宝:《让科学引领中国可持续发展》《光明日报》,2009 年 11 月 24 日第 3 版。

这也与人的地面行为有关,包括天空异象的形成,城市热岛效应,地下“漏斗”① 的增多与扩大等,都是因地面不科学的折腾所致,解决此类问题也并不能指望专家们在短期内研究一下就能补救复原,即使马上重视起来,也是“捉襟见肘”,难以应付。看来,还得从根本上抓起,即建立起全民的科学教育体制,将传统“社稷”的国土民生意识与现代爱国主义教育紧密结合起来,才能团结一致,全心全意地将中华大地建设成一个具有强大的经济、国防、科学和传统大文化综合实力的现代化国家。

大爱无声,大地至恩。知恩图报,善待家乡。让“人诗意地栖居在这片大地上”。

原载《传统文化研究》第 19 辑(2012 年 1 月版)

---

① 《苏州市志》第一册,第 179 - 180 页。

承前启后　继往开来

——纪念苏明建筑装饰公司成立20周年

20年的奋斗历程，苏明装饰有限公司从开创伊始到如今的发展进步，经过全体成员持之以恒的艰辛努力，实现并促进了苏州地区工程建设艺术事业在高速发展的当代历史条件下，一次又一次提升环境文明。作为一名本土建筑师，也是苏明公司发展壮大的见证人，我深为在工程实践的交往中所聆受的教益而备感亲切和欣喜。回顾来之不易的成就，那正是公司领导的励精图治、设计团队与全体员工朋友们大力协同的完美结晶。我们成长中的无数感人往事，都值得彼此铭记在心。如果说要建树一座创业的丰碑，那么，我也算是这座丰碑下的一块土衬石。这里所要论述的，概括起来就是一个“本”字，持本以续，本的永生，亦即公司可持续发展的永续之道。

中国人很讲究名分，不论是人、事、物类都要冠以一个名字，既要具有符合人们理想中的美好，又得富有深刻的含义。中国人又很在乎实在，无论怎么好的名称，如果不切合实际，就会造成某种遗憾，所以人们追求的是名副其实，名正言顺。如果做事顺顺当当，能顺利进行，这个顺利就带来了利益，而文明的意思即是对人类正当有益的性质。20年前，当我知道要成立一个苏明公司的时候，认为大概是因为苏州二建的金属构件厂与明辉公司合资的意思，且又觉得这个“明”字很好，因为“日月相推而明生焉”①，那太阳和月亮不是日夜兼程，你追我赶，连续不断地周而复始，永远运行不息吗？于是，在众多冠以“金”“银”“万”“发”等雅号之间，权衡之下，我唯独对“明”字的名号“情有独钟”了。因为，人们普遍认同日月是天经地义，靠得住的。但是，话还得说回来，看问题毕竟要看实在，看是否名实相符。10年前，我在苏明公司设计部主编的《明日沙

① 《周易·系辞下》。

龙》创刊号上写了一篇文章，用事实证明，有志气的苏明人确实以关爱公司的责任之心，群策群力，实现了我们共同的心愿，也让我感到无比的欣慰。

这些年来，我有机会经常跑装饰工程的工地，经常看装饰工程的图纸，参加装饰工程的项目评审，心里总是感觉苏明有一点跟其他公司不一样，那就是比较谦虚、认真，特别是没有“霸”气，丝毫不因为是资格最老而目中无人，这一点是难能可贵的。另外，在行业之间，苏明有金属构件厂的扎实基础，有技术资本的优势，在苏州幕墙行业界也是最早开发的企业，旁观者清，后来有多少幕墙公司的技术力量不是在苏明的影响和支持下成长起来的呢？世界上霸道的国家和集团无不目空一切，盛气凌人，恃强侮弱，掠夺资源，后现代“过程哲学”的思想家们都斥之为野蛮，对我们中国能容纳“他者”而平等相处的传统精神则誉之谓文明，并且预示，未来是“中国的世纪”。联想到苏明，这不正是我们履行的永续之道吗！企业文化凸显的文明精神是公司经营理念和实践的一大法宝，这是必须首当肯定的。

上述的文明精神是本人积20年来，以“实事求是”的冷静观察体验着眼，经过对生产的科研设计的长期验证，从中搜索企业对每项工程由承诺到成功过程的结构状态，觉察且感知到在运行环节的细部，似乎都诚如一只手可以掌控的五个手指，它们分别为：以诚致信、以学致进、以慎致安、以俭致富、以严致恒。凭着能连贯协调的五指，保持着和谐发挥的良性循环，若双手对应，左右逢源，十指连心，则不难协力演奏出完美的乐章，从而步调一致，齐心协力推动企业循序渐进地发展。

剖而析之，关于诚信，目前的程度可以说是到位了，但要维持久远则是要靠持之以恒的严字来获得保证。诚信是相互的，特别是对外业务，这里还免不了一个“防”字，有备才能无患。关于“以学致进”，这个“进”字的内涵是：一方面指业务建设，设计师要考一级注册建筑师，各专业要考高级建造师和高级工程师，提高业务能力；另一方面，是指设计、施工、制作三者联合起来实践性研发的试验活动，没有实验反复探讨的互补过程则难以创新。同时，这个“进”还包含着“谦”的意思，那些不文明的经营公司，往往表现在弄虚作假，非但不学致退，而且导致骄傲腐败的后果，所以，必须严格要求，谦虚谨慎，不骄不躁。还有“以慎致安”，即时刻警惕生产安全，减灾防灾，要人人负起责任来，防患于未然。一个文明的公司，如果粗心大意，一旦发生一起事故，就谈不上发展永续，这是任何人不可掉以轻心的大事。因为祸福都是跟每个员工休戚相关的，任何好事坏事都不可能由一个人造就或者避免，也不能光靠领导一个人负起所有的责任。至于“以俭致富”则是建立在上述三者基础上的物质追求技巧，属于“本”中之末，表示剑锋与剑把的关系，千万不能走极端，万万不可让“贪”字恶性膨胀，那是企业经营策略上经济科研的学问了。最后一个“以严致恒”也须要靠大家来坚持掌控，才能确保完善。领导与被领导、管理与被管理是双向的责任制约，而且这应是一个一以贯之的长远过程。事业的成功表现在维系着过程的主体必然性，而并非局限到某几个单体的偶然得分。只要看一看世界上发达国家所有成功的企业，没有一个不是凭着严谨的经营作风，精益求精，不断建树权威业绩而誉满全球的。

总之，“持本以续”一词，强调一个“本”字，“本”就是“道”，也就相当于禅宗中所称的“世界的本来面目”。当前所称的“可持续发展”概念是在1987年由挪威前首相布伦特夫人在《我们共同的未来》演说中提出，其定义是：“既满足当代人的需要，又不损害后代人满足需要的能力的发展。”其实，可持续发展的可持续，不光是指让我们的后代能够可持续，同时也不言而喻地泛指当代人应在现有的基础上去考虑当前可持续的满足，那就是今人如何不失时机地利用前人已经为我们留下的条件作为行将持续的基础，从身体力行的当下立刻做起：珍惜资源，倡导绿色生活。只有保护好得以秉持当前生态环境之“本”，才能健康发展，否则，我们如何传承下去？因此，首先须珍惜我们承前的部分，然后，才有条件去继后。没有本可以供续，就等于没有基础可供发展，如果一味盲目地滥开发，浪费资源甚至暴殄天物，那么拿什么去传承给后代（包括资源、思想文化和科学技术、物质与精神文明）！所以我们强调“持本以续”，是在继往开来的交接点上，从尊重自然、保护生态、建设和谐社会的原则高度上奉献苏明精神对永续之道的忠诚，以承前启后，继往开来。

除了苏明之外，我对所接触过的其他建筑行业公司，也持有同感，他们做得都很优秀，只是苏明公司所提倡的企业精神，明确凸显了“本源”的主题，才感到特别具有生命活力，具有典型的价值和意义。

让我们齐头并进，共同勉励，为着艺术的理想，开辟前面美好远大的事业！

2012年10月（为苏明装饰公司成立20周年而作）

余论:从巨变到俱进

我们生活在一个追求速度和效率的时代。由于种种历史原因,几代人经过坚韧不拔的努力奋斗,才赶超到时代发展的前沿。觉醒了的中华民族凭着东方文化积淀深厚的聪明才智,已经在半个多世纪,特别是最近三十余年改革开放的艰辛创业中,实现了空前的历史性巨变。当今,全国上下一派生气勃勃的繁荣景象,这已是有目共睹、举世公认的。然而,那伟大的成就,仅仅是起步,不过是民族复兴伟大征程中第一场战役的旗开得胜,还不等于国家综合实力足够的富强和全民文明素质的普遍提升。似乎依然如当年孙中山先生曾经提示过的那句话:"革命尚未成功,同志仍须努力。"现代化建设就相当于一场经济建设领域的大革命,这一艰巨的重任如今已现实地落在我们肩头,责无旁贷地担负起这项旷世巨构的工程大业是全国人民神圣的历史使命。

在奋进着的现阶段,我们似应清醒地意识到任务的复杂性:由于长期封建余毒影响殊深,在新旧体制转变的过程中,首先要经历的是从落后到进步在认识上的转化,如果这一转化不是自觉地透过内心的感悟,而只是一种"适应",那么,人们还是摆脱不了种种陈规陋习的羁绊,难免还要经历许多折腾,也极有可能让为数不少的意志薄弱者,因经受不起在市场经济条件下金钱或物质利诱的考验而过不了关,甚至腐化堕落。这既是在开放的环境中难免而又是必须严控的流行疾患。正所谓"端正世风,一代难成",须得经过相当长时间科学发展的持久净化才行。当然,一些实际存在着的阻力、障碍、矛盾、难题、弊端和谬误,亟须我们在发展的同时,凭着创意的智慧和文明正义的制约,去不断有效地克服、排除、协调、解决、治理和教育感化,从而保障市场经济体制在社会整体领域取得和谐发展。

发展是硬道理,而如何科学地去发展,乃是精深的真道理。那么,这个道理的原点,则起始于人。人,作为社会资源的价值载体,富含着社会现象深处促进巨变着的内在动因。国家的现代化建设是需要全民共同参与的、谋求全社会普遍获得整体进步的文明大业。每一个行业都有其特殊的使命，而每一个人的生命单体则恰似水滴一般融汇入社会发展的洪流中，朝向理想世界，推动着世间万物奔涌俱进。这便是被情景涵盖着的真相。因此，对任何事业，包括对于建筑及环境建设事业，其最应首要关注的，即面对着直接的从业者，看他们的一切是怎样的状态。

人是社会生产力中最重要、最活跃的因素，人的作用得到充分合理发挥的程度，取决于他既有觉悟程度上发展提高着的素质及其行为能力，也还在于他所处环境中可能获得促进的助推力。具有特别意义的是社会群体中的青年，他们的能量是人力资源中最珍贵，而且是变数最大的群体。重视并且精心培育这些前程远大的有生力量，是所有发达国家的首要投入，因为年轻一代是国家和事业的前途和未来。这一点是至关重要的。在我们当代体制下，以高考严格精选的种子，在学校以同样的标准程度毕业，但离校后因不同机遇的选择和利益的追求而悬殊地分化，这种情形既是发展形势的倾向使然，也跟学校的教益输送环节与社会的就业配送环节有关。这段本应有机联系着的线索，如何实现人力与智能供需协调性的连续对接、过渡与磨合，影响着年轻一代的人生选择。市场经济通过搞活市场，灵活适应规划随机发展的自由度和及时发挥人才优势的速度。这样，从社会需求出发，学校教育和学生的在学状态就出现了适应性的变化。

科学巨匠钱学森生前曾将建筑科学定位为现代科技体系中的第 11 个大科学部门，可见，建筑科学的发展进步，落实到建设事业中的人才策略也是举足轻重的。由清华大学美术学院郑曙旸教授主持的“中国艺术设计教育发展策略研究”课题中，提到关于学生对待事业的当前状态，并通过广泛深入的详细调研，系统地概括为四种群体的典型追求，即商业主义、悲观主义、职业主义和理想主义。其中，第一类属于以设计经营为途径，而其核心利益纯粹是追求着商业目的的赚钱派；第二类是将设计作为谋生的手段，专营服务，不在乎体现自我价值，也并不普遍专注事业目标的认真追求，而只是甘心做一个“打工的”；第三类似乎是行业的中坚力量，即遵循传统的责任感，追求成熟或者改良的务实派；第四类则是崇尚创新精神，为追求突破性的艺术理想而奉献事业的促进派。课题研究分别对四者所持的观念、行为、期望与原因作了切实的剖视与精辟的分析，并提供了在教育立场上启导性的探索。有意思且值得关注的是，我们若按此分类群体占有量的百分比计议,上述第一类的规模竟占上风,其比率最高,人数最多;而以下各类则依次渐减。于是,从总体上构成一个呈倒金字塔式的关系图案。对这么一个人才结构状态的基本框架,如果再以历届毕业设计质量档案动态地插入比照,则又可以发现,上述第一类人才的专业素质其实并不高,而以下各类的情况倒是各有各的优势,但可惜的是,他们缺少发展的空间和条件支持。至此,令人联想到,当今的学生将是未来社会建设的生力军,教育本是开创前途的事业,现状是成就将来的原因,而未来便是现状发展的结果。那么,如果从商的队伍越来越大,加上商机无限,商品经济的发展空间越来越广阔,再加上社会为此消耗的资源也越来越多,生成的财富与垃圾也同样的疾速暴增,造成的污染及处理负担也越来越沉重。相比之下,开发者从无到有地为生产者创造条件,这是最艰巨的工作;生产者不断增速制造,这是最忙碌的工作;而治理者收拾生产者留下的问题,这是最繁杂的工作。当中间环节生产者获得机器生产的条件后,能够大幅度地扩大生产,使面貌巨变。然而,上述前后两端的开发与治理环节,处在生产之前的创意开发和生产之中、之后的治理与保护,则是需要更多人才与智力的投入。当后者不能适应时,就会发生“堵车”。甚而至于,当商机刺激工业生产所造成的环境污染严重危及到生机时,则难免酿成灾难。

发展和开放必然会经由一段从“乱”到“治”的过程,但有节制才能有效地开放。市场经济毕竟不是绝对散漫的“自由”经济,没有自律的自由是不存在的。于是,才须要有宏观调控。当然,建筑师不具备行使调控的职能,但可运用设计的哲学即智慧来促进和谐社会的建设。

对于上述现状,我们似应实事求是地积极应对。为了作深入一步的探索,这里用得上《论语》中的一句话:“温故而知新,可以为师矣。”对当今来说,意即借鉴历史,认识现在。回眸在历史的风雨中,从先辈们留下的蹒跚脚印,可知步履的曲折与艰辛,他们曾经遭遇过最遗憾的挫折,莫过于源自因虚荣和自负所导致的不明智的内耗和机遇的错失。前者尽在对人才与资源的浪费;后者即表现为对绝佳的有利条件和时机轻易地延误,甚至愚昧地自弃。

早在春秋战国时代,思想活跃的百家争鸣中涌现诸多智慧出众的哲学家,他们的一些英明主张竟然比现代文明社会还要进步,但可惜的是未获普遍的尊重和信用,有的,只是被利用来充当封建统治者改朝换代的工具,在盛衰的麻木轮回中渐渐地消逝。直到五百多年前的明代,“三保太监”郑和统率当时世界上最强大的船队,七次远航“西洋”,为的是宣扬大明帝国的国威,也焕发了华夏民族智慧的创造精神。出使邻国交流文化的空前壮举，赢得了所到各国的欢迎，并使其先后来中国建立友好关系。在社会经济复兴、国力强盛的形势下，本应持续繁荣经济，开发国际市场且富国强兵，护卫中华，但由于封建体制本质上结构性的迂腐所导致必然没落的原因，那些世袭的统治者们根本不懂得策略的运筹，不懂得在经济发达之后，该如何严控社会风气的走向，如何防备从富有的豪华下沉到奢靡，怎样严防由奢侈滑向腐化变质，甚至堕入灭顶的深渊。加之，在恶俗的环境中，官员的腐败、残酷的剥削，贫富悬殊、民不聊生，导致社会矛盾尖锐，爆发农民起义。在这种极不安定的社会形势下，还忘乎所以地大兴土木，如当时在建的大报恩寺琉璃塔等繁华的形象工程，竟因资金短缺而挪用了原拟用于郑和第八次远航的资金，让这场有前途的发展之旅就此结束了。而更没有想到的是，为虚荣而招摇炫富，不仅放松了应有的警惕，疏忽了国家巩固海防的建设，还引起了异邦野蛮成性的海盗倭寇们的馋涎欲滴，引起了觊觎东方这块“肥肉”的黑心，进而暴露出掠夺资源的野心，直至挑起侵略战争。

痛定思痛，我们的历史教训，要从最基本的原因，即从哲学与匠学的基础思维上探究起。古今中外，传统的思想宝库是极其丰富的，学说纷纭，流派林立，真理分别遍布其中，但是，似不宜如信奉某一种宗教那样，迷信某一部经典，因为世上并不存在一本关于生活的标准“天书”，有的只是对自己和师友们就世间各类观念经过验证后所得可信度的判断与感悟。

当代年轻有为的建设者们是社会的中坚力量，国家的栋梁之材。现实生活中，除了肩负着事业的重任外，还承担着生活上或多或少的精神压力，因此，心理的健康需要自我关护。无论在学校，还是在职场，须要有合作伙伴，彼此提示，相互关照，广泛的交流能促进思维的开窍。在当学生的时候，可以“勤工俭学”，即在困难条件下以工养学，将课余靠辛勤劳动换来的微薄成果，投入最迫切需要的专业重点上，由此一直坚持到毕业；就业之后，接触的问题与面临的环境复杂了，特别是在“磨合期”，始觉既有的知识不足以就用，似乎有必要改变成“勤学俭工”的策略转向，这时，宜勤在深入到实际点子上的学，勤在扩大到与同行群体广泛接触面上的学。而对于工作业务的投入，则宜俭于精深的提炼。舍弃可以简化的繁枝缛节，以集中追求质量的精炼。这也就是郑板桥所谓的“删繁就简三秋树，领异标新二月花”的那种境界。不然，就难以适应形势，特别是处在泛滥着物欲的浮躁环境中，尤其须要保持心律正常的节奏，淡泊明志，深怀宁静致远的健康心态，让青春闪光，求前程远大。

“天行健,君子以自强不息。”旋转着的地球,似乎时刻在推动我们正常成长中运行着思想的头脑。终日奔忙中,不能忘却正在干什么。在思维的屏幕上,背景应是伏羲的那幅“太极图”,将生活和现实中一切疑难问题矛盾着的双方,分别置于那向心而顺时针回旋着的阴阳两极上,相对而合,相依而存,相拥而动,随机应变地维持着相互平衡的均势,才能发展永恒,这个智慧的形象图案告诉我们,貌似对立的事情并不一定是对抗,从完整的总体意义上看却是互补的关系,哪一方都不能偏,哪一向都不能逆,更不能强横霸道,唯协调才能从运动中求得完美和统一的发展。

归结到建筑学(我国传统所称的“匠学”)的意义上说,钱学森的至理名言“建筑是科学的艺术,也是艺术的科学”,正是上述“太极图”所示相辅相成切实互补的体现。进化着的生活要求未来的设计应特别注重科学功能与艺术形象两全其美的有机融合。在我们设计创作的实践中,似乎做方案有点“知难行易”的感受,而做施工图则又有些“知易行难”的感触,实际上都应在“难”字上下功夫,“知”和“行”都不容易,只是时序先后的同质异构。特别是当代进步中的环境建筑学,已经不仅是过去单纯地从事箱盒式空间容体的房屋营造作业,如今的建筑师该做的实事也实在太多,但时间和机会又相当有限,而且紧迫。除了包括建筑主体自身结构形式的创新探索外,还涉及这个兼具着功能特征的形式,其材料和智能装备的功能进步,又如何来高度满足各个类物理性能指标的要求。同时,通过对能源的利用与防灾减灾的优化策略,实现对低碳节能的社会承诺。此外,还要体现对传统文脉的资源性发掘,凸显民族文化地域特色的综合质量,等等。这些课题研究通过组织试验性的科学调研实践,化入执业中具体的设计实例。能否将工作做到上述的深度,则是目前须要考虑的问题。然而,最令人担忧的是日益严重的全球性生态环境的污染,加上普遍无奈的漠视,正严峻地考验着人类智慧的能力与责任。聪明有为的后起之秀们必须做到心中有数,才能为前景中不久的未来,留有可持续发展的驰骋余地。

建筑的大业,本是人类社会大文化中凝聚着历史过程各个时代热点的综合典型,建筑物又都是社会文明精神物化着的直接载体。说到底,建筑的学问旨在建树人世间荣恩相济的时代精神,让大自然中洋溢着生命活力的草木荣华激活由人性编织的,以土、石、金、木围合成的灵性空间,将众所感知着幸福的原因永远放在心上,真正实现彼此共同俱进着的美好前景。作者通过本书收集的各篇拙稚的随笔和杂记,在亲身从业的立场上,就概括或引申到当时现实的意义上说事。也如同在博物馆展柜里按时序陈列的一组组文物碎片，试图将其复原成一幅幅展现着从彼时到此刻的进程拼图，提供点滴残缺的原真。如果能获得读者朋友们在共同或相关的事业上哪怕是灵犀一点的沟通，或是激起某种会意的共鸣，甚至是有感而发，萌生新意，那实在是作者虔诚以求的心愿。

2013 年端午写于苏州大观名园

后记

本书汇集的数十篇文字，系选自作者历年来曾发表的与应约编写的部分文章和讲稿，以及设计文件、专业文案和零星随笔、散记等，既泛含着发展过程的纪实性，又略具前瞻意义。出书的原委，是缘于多次校友聚会上昔日同窗好友们挚诚的鼓励，以及怀揣多年的夙愿。因为我们这一代人在“初级阶段”的现代化建设中，经历着一段具有划时代意义的转折过程。在世界潮流的冲击下，我们始终坚守着华夏文明传统文化的神圣高地，至少在建设领域，奋力坚持捍卫着和谐事业的基础稳定，坚定秉持着卓具东方特色的中国自主创新的文化主权，为实现民族复兴的伟大理想，有的还在奉献余热，发挥有效的作用和力量。

随着国民经济进一步的高速发展，为着人民大众的利益，在国家新一代治国精英的领导下，终于迎来了新境界希望的曙光。令人欣慰的是，我们曾经呼吁的一件件建设性提案，正在有条不紊地获得条件与过程逐步的认可而成为现实，即如开凿了的一道道壕沟，终于水到渠成：让整治后的河道碧水辉映蓝天，也让修复了的城墙依然见证历史。这充分表明，能倾听大自然的天籁之声，能体察老百姓的风俗民情，是营构和谐社会的当代智慧。

改革开放以来，我们已经从开放的国际环境中获得许多宝贵的经验，须要共同在实践中认真取舍、铭记。本书仅属上述“天籁之声”中极其微不足道的“鸟语虫鸣”，但尽管如此，“愚者千虑，必有一得”，特别是其中诸多的教训和反思，也许能从类似的体验中，对青年读者或敬业的朋友们有些提示性的教益。只因为本“文存”主要的收录范围限于过去时段，人们对当代现象习惯的反应往往是不以为然的，那就留在文存的续集中，待到预见言中应验时，可以再感悟得更多更深。

历经一年多时间，在所有热心的朋友们鼎力帮助下，本书终于按计划脱稿，付梓印行。在这里,特别要感谢中国建筑科学研究院中技公司江苏设计分院黎裕华和苏华两位院长,要深切感谢苏州中景建筑设计有限公司晏文兵总经理和苏明装饰公司朱维新董事长、计苓总工程师等始终的关心和支持,并负责安排得力的年轻工程师王超、徐静、付佩佩、殷婷婷和孙栋梁等协助书稿的校对、修改、打印与插图制作,他们一丝不苟的认真服务保证了该书的全面完成。

由于本书是一册按时序汇编的专业文集,时间跨度下不同语境的表达,仍须保持协调和完整性,因而给编辑工作带来一定的负担。这里要衷心感谢责任编辑刘诗能先生妥善合理的饬整和优化处理,为本书从综合质量到阅读效果增色不少。苏州大学艺术学院教授吴鸿钊先生和苏大出版社高教部薛华强主任一直与我保持着联系与沟通,并在书稿的编审过程中,精益求精地提出不少建设性意见,对他们始终充满着的热忱,在此谨深表由衷的感激!著名书法家费之雄先生盛情为本书题名,写出了建筑“荣恩”之道的精神,特在此专诚致谢!拙作的成书是众多建筑与环境艺术建设事业的志士同仁协力相助的结果,就像我们每一件创作都是深深依赖于周围环境中友爱的护持与促进才能得以圆满成功。

在当前条件下,本书对广大读者的需求还难以提供切实到位的满足,但是,做学问的兴致与乐趣却又是人皆有之的天赋本能,其中,当然包括助人为乐的共性。共同的兴趣与努力可通过研习、交流,构筑成逾越条件限制的桥梁。细心的读者可寻找或发现本书各篇中近似暴露或寓有某些值得延展、链接创意思维的空间余地。作者乐于期待聪明的业友们作符合志趣的深度选择与评判。读者诸君凡有认为本书存在不足或谬误之处,也诚请各位和专家们在信息反馈中不吝赐教!

如上所述,在发展进步的道路上,我们都需要建筑种种形式的“桥梁”,谋求获得时空跨越的过渡,以求到达理想的彼岸境界。苏州大市南区,有一座穿越古今将近千年的长桥,曾因取意司马迁《史记》中的“天下熙熙,皆为利来;天下攘攘,皆为利往”之繁盛景象而题名“利往桥”,后因其形体及周边风景的秀丽,在文人墨客的歌颂与赞美下,改称“垂虹桥”。利往者,乃人类社会循着趋利避害的平安原则而享受生活的幸福。然而,历来有对“利益”的意义作截然不同的追求:“见利思义”还是“见利忘义”?这两种价值取向已经“分道扬镳”,而彼此越走越远,也各得其所了。如今,我们仿佛还能清醒地聆听到祖先们寄语利往桥下那畅流至今仍连绵不息的潺潺水声,像是在提醒我们:要严防古今中外一切物质和精神污染致命的伤害；要保护好国家、名族、后代和自己的切身利益，让中华文明的文化主权健全发展，以建筑实践的进步，努力创造和谐世界的光辉未来。

作者2013年10月8日写于苏州石湖之滨